LA FABRICATION ÉLECTROCHIMIQUE

DE

L'ACIDE NITRIQUE

ET DES

COMPOSÉS NITRÉS

A L'AIDE DES ÉLÉMENTS DE L'AIR

PAR

JEAN ESCARD

INGÉNIEUR CIVIL

Deuxième Edition

PARIS

LIBRAIRIE DUNOD ET PINAT

49, Quai des Grands-Augustins (VIe arr.)

1909

L'ACIDE NITRIQUE

ÉLECTROCHIMIQUE

DU MÊME AUTEUR

Les Industries électrochimiques. — Traité pratique de la fabrication électrochimique des métalloïdes et de leurs composés, du chlore, des alcalis et des composés du chlore, de l'ozone, de l'acide nitrique, des métaux alcalins et alcalino-terreux, des métaux usuels, du cuivre et du nickel, des métaux rares ou destinés à des usages spéciaux, des composés organiques. — In-8° (16 × 25), de 800 pages et 332 figures. — Paris, Béranger, éditeur . . . . **25** fr.

Les Fours électriques et leurs applications industrielles. — Phénomènes électrothermiques. Chauffage électrique. Fours électriques à lame métallique résistante. — L'arc voltaïque et ses propriétés. — Classification des fours électriques. — Fours électriques de laboratoire. — Le carbone et ses variétés. Reproduction du diamant et du graphite. — Les carbures métalliques. — Le carbure de calcium et l'acétylène. — Préparation des métaux au four électrique. — L'aluminium et ses alliages. — L'électro-sidérurgie. — Silicium et dérivés. — Composés spéciaux fabriqués au four électrique. — Chauffage industriel par voie électrothermique, travail électrique des métaux, soudure électrique. — In-8° (16 × 25), de 550 pages et 221 figures, avec une planche en couleurs représentant l'arc électrique.—Paris, Dunod et Pinat, éditeurs. **18** fr.

L'Electro-Sidérurgie : fabrication électrique des fers, fontes et aciers. — Procédés électrolytiques pour la fabrication du fer pur. — Procédés électrothermiques pour la fabrication industrielle de la fonte de fer. — Fontes spéciales fabriquées par les méthodes électrothermiques. — L'acier électrique. — In-8° (16 × 25), de 102 pages et 62 figures. — Paris, Béranger, éditeur . . . . **5** fr.

Le Carbone et son Industrie. — Propriétés générales des carbones. — Le diamant, propriétés physiques et chimiques, classification. — Gisements diamantifères. — Applications industrielles du diamant. — Mode de formation du diamant dans la nature et essais de reproduction. — Le graphite et les charbons électriques. — Les carbones amorphes : charbon de bois, noirs industriels, coke, charbon de cornue. — La houille et ses différentes variétés. — Applications industrielles de la houille, description des principaux gisements.— In-8° (16 × 25), de 760 pages et 129 figures avec une planche hors texte. — Paris, Dunod et Pinat, éditeurs . . . . **25** fr.

Les Métaux spéciaux (manganèse, chrome, silicium, tungstène, molybdène, vanadium) et leurs composés métallurgiques industriels. — Manganèse, alliages industriels de manganèse, ferro-manganèse. — Chrome, alliages industriels de chrome, ferro-chrome. —Silicium, siliciures métalliques, ferro-silicium. — Tungstène, alliages industriels de tungstène, ferro-tungstène. — Molybdène, alliages industriels de molybdène, ferro-molybdène. — Vanadium, alliages industriels de vanadium, ferro-vanadium. — In-8 (16 × 25) de 600 pages et 201 figures. — Paris, Dunod et Pinat, éditeurs . . . . **18** fr.

LA FABRICATION ÉLECTROCHIMIQUE

DE

L'ACIDE NITRIQUE

ET DES

COMPOSÉS NITRÉS

A L'AIDE DES ÉLÉMENTS DE L'AIR

PAR

JEAN ESCARD

INGÉNIEUR CIVIL

Deuxième Edition

PARIS

LIBRAIRIE DUNOD ET PINAT

49, Quai des Grands-Augustins (VIe arr.)

—

1909

INTRODUCTION

On sait combien est importante, à l'heure actuelle, l'industrie de l'acide nitrique et des nitrates. Ces composés sont le point de départ de la préparation d'une foule de produits utilisés comme explosifs, et les nitrates constituent, de plus, pour l'agriculture le principal engrais azoté.

Jusqu'à ces derniers temps, leur source première a été recherchée dans le nitrate de soude naturel du Chili, sel d'une très grande pureté et qui a déjà fourni des millions de tonnes de produits azotés à l'industrie et à l'agriculture. Cependant, les gisements actuellement connus de nitrate de soude s'appauvrissent de jour en jour et il est possible d'entrevoir l'époque, peu éloignée de nous, où ils seront totalement épuisés. Il nous faut donc penser à autre chose et chercher le moyen de parer à une telle crise.

Après de multiples recherches, savants, techniciens, agronomes, chimistes, électriciens, étudiant sous toutes ses phases le problème de la fixation de l'azote et dirigeant leurs efforts vers le côté pratique, ont cherché à résoudre le problème suivant : extraire économiquement l'azote de l'air et le fixer ensuite pour la préparation de produits utilisables. On peut dire qu'aujourd'hui ce problème est complètement résolu, les méthodes permettant d'obtenir artificiellement l'acide nitrique et les nitrates étant très variées et la plupart très bien étudiées au point de vue du rendement. Elles peuvent se diviser en deux grandes catégories : celles utilisant les phénomènes électriques (arc, étincelle, effluve, électrolyse) et celles basées sur de simples réactions chimiques. Ces deux catégories de méthodes sont, à l'heure actuelle, destinées principalement à la fabrication des produits azotés utilisés comme engrais (nitrate de chaux et chaux azotée), mais dont il est également facile de faire dériver d'autres composés intéressants pour l'industrie.

Tout récemment, MM. Muntz et Laîné, étudiant la possibilité, pour produire les nitrates, de recourir au sol lui-même et à des substances naturelles n'ayant qu'une très faible valeur commerciale, ont montré qu'on pourrait également, si le besoin s'en faisait sentir, établir des nitrières à très haut rendement. Le but visé est celui de la préparation de produits azotés destinés à l'industrie des explosifs de toute nature (dynamite, poudre, etc.) employés dans l'art des mines ou comme munitions de guerre.

Dans les chapitres qui vont suivre, nous passerons en revue les procédés qui ont déjà reçu une sanction pratique et ceux qui paraissent destinés à les perfectionner ; dans chaque cas, nous indiquerons également le but principal visé par les appareils décrits.

Nous commencerons cependant cette étude par le rappel des principes généraux relatifs au rôle et à l'assimilation de l'azote dans le règne végétal. Cela nous permettra de mieux nous rendre compte de l'importance économique des composés nitrés, de l'utilité qu'il y a pour nous de ne jamais nous en dépourvoir et par suite d'arriver, par des rendements toujours plus satisfaisants, à leur préparation économique et pratique.

JEAN ESCARD

FABRICATION ÉLECTROCHIMIQUE
DE
L'ACIDE NITRIQUE

CHAPITRE PREMIER

IMPORTANCE INDUSTRIELLE ET ÉCONOMIQUE DES MATIÈRES AZOTÉES. ÉPUISEMENT DES GISEMENTS DE NITRATES ACTUELLEMENT CONNUS.

§ I. — Rôle de l'azote dans la vie végétale.

Les recherches effectuées par de nombreux savants sur la composition chimique des tissus des plantes ont permis de reconnaître dans ces dernières la présence de quatorze éléments, parmi lesquels il faut signaler principalement le carbone, l'hydrogène, l'oxygène et l'*azote*, auxquels on peut ajouter le phosphore, le calcium, le potassium et le sodium. Les quatre premiers font partie intégrante des tissus végétaux et on leur a donné pour cette raison le nom d'*éléments organiques* : les autres, qui ne semblent jouer qu'un rôle secondaire, ont reçu le nom d'*éléments minéraux* des plantes.

De même que le carbone, l'azote est indispensable à la vie des végétaux ; mais, tandis que ces derniers prennent directement le carbone qui leur est nécessaire à un gaz de composition élémentaire, le gaz ou acide carbonique CO^2, l'azote ne semble pouvoir faire partie constituante de la plante qu'après une série de transformations l'amenant à l'état de substances de formule plus ou moins complexe. Seules, les plantes légumineuses font exception à cette règle, car elles possèdent la propriété remarquable de s'assimiler directement l'*azote gazeux* de l'atmosphère.

Source première de l'azote organique.

Quelle que soit cependant l'origine de l'azote existant dans les tissus végétaux (azote de l'air, azote de l'acide nitrique, azote ammoniacal, azote des amides), il est établi que l'existence de tous les êtres vivants est subordonnée à une alimentation azotée. Il est également démontré que la source unique et première de l'azote organique est l'atmosphère.

Pour se faire une idée de la série de transformations que ce gaz subit avant de devenir l'aliment des plantes et par suite des animaux, il suffit de remonter, dans la série des temps géologiques, à l'époque où ont apparu sur la surface du globe les premiers organismes vivants. Ceux-ci, premiers occupants de la couche superficielle de la terre, possédaient la faculté d'assimiler directement l'azote gazeux atmosphérique et d'utiliser l'acide nitrique formé dans l'air par des causes variées (décharges électriques en particulier). On peut donc admettre, avec M. Grandeau, que la première matière azotée organisée qui s'est formée sur notre globe est l'azote moléculaire de l'air.

L'azote libre et les végétaux.

La faculté que possèdent les légumineuses d'absorber directement l'azote a été pour la première fois établie nettement par Hellriegel, agronome allemand, qui, en 1886, la fit connaître en ces termes :

« Les sources d'azote offertes par l'atmosphère suffisent à produire chez les légumineuses un développement normal et même luxuriant : c'est l'*azote libre* qui entre ici en jeu. Les tubercules que les légumineuses portent sur leurs racines sont en relation directe avec cette assimilation. On peut provoquer à volonté l'éclosion des tubercules radicaux et le développement des légumineuses dans des sols dépourvus d'azote, si l'on ajoute à ceux-ci une petite quantité d'une délayure d'une terre cultivée. »

Différentes expériences de MM. Schlœsing fils et Laurent ont confirmé les travaux d'Hellriegel et éclairci certains points de cette théorie. Nous citerons en particulier l'expérience suivante, effectuée en 1890 :

Un volume connu d'*azote pur* fut mis au contact de légumineuses cultivées en vase clos dans du sable calciné, pourvu des sels indispensables et d'une délayure de terre. Pendant toute la durée de la végétation, on fit pénétrer dans le vase le gaz carbonique nécessaire à l'exercice de la fonction chlorophyllienne et, une fois l'expérience terminée, les gaz restant encore dans la cloche en étaient extraits par le vide. Par la comparaison des deux volumes d'azote avant et après l'expérience, on pouvait ainsi se rendre compte s'il y avait eu ou non absorption d'azote par la plante. Comme contrôle, on dosait, après le démontage de l'appareil, l'azote contenu dans le sol et celui renfermé dans la plante. Naturellement, s'il y avait absorption le chiffre fourni par la dernière pesée devait être plus élevé que celui correspondant à la teneur initiale ; de plus, l'excédant trouvé devait correspondre à l'azote gazeux disparu, mesuré directement.

On constata ainsi que véritablement la fixation directe de l'azote a lieu et que l'azote assimilé par les légumineuses provient uniquement de l'air.

Il reste à établir maintenant le mécanisme de cette assimilation directe. Elle semble due à la présence de petites nodosités existant sur les radicelles des légumineuses et qui, formées aux dépens du tissu même de la racine, sont remplies de bacilles d'une nature spéciale (*bacillus radicicola* de Beyerinck, *rhizobium leguminosarum* de Frank) et que l'on a pu dans ces derniers temps obtenir en culture très pure. Le professeur Mattei leur a donné le nom de *bactériocécidies* (1). Ils possèdent la propriété de transformer l'azote libre de l'atmosphère en produits nitrés capables d'être ensuite assimilés par les plantes. A la germination des graines des légumineuses, ces bacilles prennent contact avec les poils radicaux et, après y avoir pénétré, vivent en symbiose avec les racines, se nourrissant avec certains éléments de la plante, mais lui donnant en échange de l'azote.

§ II. — Phénomène de la nitrification.

Il est cependant aisé de comprendre que si toutes les plantes s'alimentaient ainsi directement à l'atmosphère, tout travail

(1) On consultera avec profit à ce sujet : *Les micro-organismes fixateurs d'azote*, par L. Lutz, Paris, 1904 ; *La fixation de l'azote par les végétaux*, par A. Acloque (V. *Le Cosmos*, 29 septembre 1906, p. 341) ; *Chimie agricole et Chimie végétale*, p. 190 et suiv., par G. André, Paris, Ballière, 1909.

humain ayant pour but d'introduire dans le règne végétal la quantité d'azote qu'il doit absorber serait inutile, les microbes bienfaisants fixateurs d'azote se chargeant de cette mission. Mais il n'en est malheureusement ainsi que pour les légumineuses et quelques rares autres plantes. La plupart des végétaux nécessitent en effet la présence, dans le sol même qui les renferme, de composés nitrés dont l'azote, une fois libéré, pénètre dans le végétal par un mécanisme différent de celui que nous avons indiqué précédemment. C'est là que doit être mentionné le rôle important joué par les nitrates

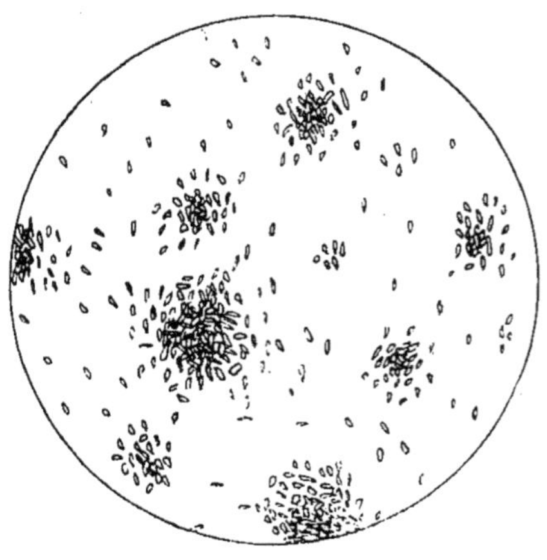

Fig. 1. — Ferments nitriques.

et les autres composés azotés dans la vie végétale et la nécessité de savoir les employer dans des proportions déterminées. C'est là aussi qu'il convient de placer le *phénomène de la nitrification* ou transformation de l'azote ammoniacal en acide nitrique et en nitrates alcalins ou alcalino-terreux. Ce phénomène est trop important, au point de vue qui nous occupe, pour que nous ne nous y arrêtions pas quelques instants.

Causes de la nitrification.

La véritable cause de la nitrification ou formation des nitrates dans le sol est pendant longtemps restée ignorée. Cependant, les savantes recherches de Pasteur, Schlœsing et Müntz, effectuées de 1862 à 1877, ont démontré que la nitrification était le résultat d'une action exercée dans le sol par un microbe, le *ferment nitrique* (fig. 1), chargé d'oxyder les substances azotées en les transformant en acide nitrique. Les travaux de Winogradsky ont même fait découvrir le mode d'existence de ce microbe, capable de se développer en l'absence de toute matière organique, en empruntant aux substances minérales le carbone et l'azote indispensables à son développement. Cela explique très nettement comment cet être inférieur a pu, dès le début, fixer l'azote atmosphérique.

Comme on le sait et ainsi que les analyses l'ont maintes fois établi, l'air renferme toujours une proportion plus ou moins grande d'*ammoniac*. D'après Schlœsing, 100 mètres cubes d'air renfermeraient en moyenne 0 gr. 0023 de ce gaz. La terre arable renferme également des composés ammoniacaux et des matières organiques azotées. Par l'action du ferment nitrique, l'ammoniac de l'air et du sol est transformé et donne naissance à de l'acide nitreux et à de l'acide nitrique. Ce dernier, qui a une action chimique puissante, s'unit aux éléments basiques (chaux, magnésie, potasse) contenus dans les couches superficielles du sol propres à la végétation et forme avec ces corps des nitrates neutres auxquels la plante empruntera, chaque fois qu'elle en aura besoin, l'azote qui lui est nécessaire, de la même façon que l'homme recherche et puise dans les aliments que la nature lui fournit les éléments essentiels à sa conservation et au développement de ses organes.

Pour se produire, la nitrification exige la présence de l'air et de la vapeur d'eau. Elle a lieu surtout dans l'obscurité et dans les terres riches des pays tropicaux, mais elle peut également prendre naissance dans les régions tempérées du globe ; c'est ainsi qu'on constate fréquemment la formation du nitrate de chaux dans les lieux humides tels que les caves, les écuries, les étables.

§ III. — **Principaux engrais azotés. — Les nitrates.**

Les nitrates de fermentation existent dans le sol à une dose généralement insuffisante pour les besoins actuels de l'agriculture. Il est, de plus, des cas nombreux où la plante nécessite instantanément une proportion déterminée de nitrate et que les produits formés lentement ou progressivement dans le sol sont incapables de fournir au moment voulu. Les engrais azotés ont précisément pour but de parer à cet inconvénient : ils constituent une richesse d'azote pouvant donner à la plante, dès que cela sera nécessaire, la dose d'aliment indispensable à son développement.

Aujourd'hui nous connaissons principalement, comme engrais azotés, le *nitrate de soude* et le *sulfate d'ammoniaque*, à côté desquels nous pouvons placer le *fumier de ferme*, le *sang desséché*, les *déchets de laine*, la *corne*, le *cuir*, etc.

Le sulfate d'ammoniaque, bien que corps intéressant au point de vue des résultats qu'il permet d'obtenir et très soluble dans l'eau, n'est malheureusement assimilable qu'*indirectement* : il doit, en effet, être d'abord transformé en nitrate pour pouvoir nourrir la plante. Cette transformation ne s'effectue pas toujours, d'ailleurs, dans des conditions analogues : elle dépend de l'état du sol et de la température, et son action est souvent lente et irrégulière. Il en est de même des autres produits azotés (à part les nitrates) dont la décomposition, aussi incomplète, est soumise de plus à toutes les défectuosités des terrains. On sait notamment que le manque de chaux est un sérieux obstacle à la nitrification. Il faut donc ne les employer que lorsqu'on peut les obtenir à très bon compte et qu'on peut juger de temps à temps de leur effet sur des doses connues.

Avantages des nitrates sur les autres engrais azotés.

A l'inverse des corps précédents, les nitrates sont entièrement assimilables et ils agissent très rapidement. C'est à Einhoff que l'on doit d'avoir signalé, le premier, au commencement du XIXe siècle, les qualités du nitrate de chaux comme aliment azoté des plantes, à la suite d'analyses effectuées sur une terre très fertile dans laquelle il avait constaté la présence de ce composé. Hellriegel et Knopp ont montré depuis expérimentalement que le nitrate de chaux possède la faculté de céder facilement, par assimilation, son azote aux végétaux et qu'il active leur développement.

§ IV. — **Le nitrate de soude.**

Qualités essentielles.

Le nitrate de soude possède des qualités analogues. Les avantages de ce sel sont cependant tels qu'il peut être placé en tête de tous les engrais azotés. Si l'on représente, en effet, par le nombre

100 la valeur du nitrate de soude comme engrais azoté, on peut attribuer aux différents produits azotés les cotes suivantes :

Nitrate de soude	100
Sulfate d'ammoniaque	90
Sang desséché, corne en poudre, plantes vertes non lignifiées	70
Poudre d'os, farine de viande, guano de poisson	60
Fumier de ferme	45
Laine en bourre	30
Cuir moulu	20

Les causes principales qui influent sur les qualités du nitrate de soude et qui lui permettent de recevoir une utilisation courante sont les suivantes :

1° La faculté qu'il possède d'être directement assimilable.

2° La rapidité et la régularité avec lesquelles il agit : il donne à la végétation des « coups de fouets » impossibles à réaliser avec la plupart des autres engrais et qui, dans certains cas défavorables, sont d'un grand secours pour sauver une récolte en voie de dépérissement.

3° Le rendement très élevé qu'il permet d'obtenir dans le poids des récoltes. Il est facile de donner quelques chiffres à ce sujet. Dans un essai effectué par M. Grandeau et relatif à une expérience faite sur des pommes de terre, trois engrais azotés, nitrate de soude, sulfate d'ammoniaque et sang desséché, ont été essayés comparativement ; en employant pour chaque engrais une quantité de matière correspondant à 45 kg. d'azote, on a obtenu les résultats suivant :

Avec le nitrate de soude, un rendement de	24.931 kg.
— sulfate d'ammoniaque. — —	20.929
— sang desséché. — —	16.542

La supériorité du nitrate de soude est ainsi nettement établie par cet exemple.

Origine du nitrate de soude.

A l'heure actuelle, la presque totalité du nitrate de soude consommé dans l'industrie et l'agriculture vient de l'Amérique du Sud. Ce sel abonde plus particulièrement dans le Chili, sous forme d'immenses gisements situés entre le 19e et le 21e degrés de latitude sud, sur le versant de l'Océan Pacifique. On le trouve également au Pérou et en Bolivie. Dans ces trois contrées, les gisements sont situés à une altitude comprise entre 1000 et 1200 mètres.

D'après certains savants et géologues, c'est dans les algues recouvrant le Pacifique et rejetées sur le continent à la suite de phénomènes volcaniques ayant soulevé le fond des mers qu'il faudrait rechercher l'origine du nitrate de soude chilien. A une époque géologique très reculée, ces algues se sont trouvées dans une position comparable à celle du fumier de ferme enfoui dans le sol et ont pu être ainsi nitrifiées : il en est résulté une formation d'ammoniaque, puis d'acides nitreux et nitrique. En présence de la soude des végétaux marins, l'acide nitrique a finalement donné naissance au nitrate de soude dont l'entassement naturel et progressif constitue les immenses agglomérations qu'on exploite aujourd'hui.

Fig. 2. — Principaux gisements de nitrate de soude de l'Amérique du Sud.

C'est vers 1830 que les gisements chiliens ont été découverts et c'est aux environs des ports d'Iquique et de Patillos qu'ont eu lieu les premières exploitations. Peu à peu de nouveaux gisements ont été découverts, principalement dans le célèbre et inhospitalier désert d'Atacama dont, de tous côtés, on vantait les richesses en nitrate. Aujourd'hui, les principaux centres d'extraction (fig. 2) sont situés dans les environs de Mejillones, Antofagasta, Tocopilla, Taco, Salinas et Tarapaca. Ils recouvrent une étendue de plus de 250.000 hectares.

Le sel qu'on en extrait est d'abord exploité à la mine, puis on le traite par l'eau bouillante qui se sature de nitrate et qu'on fait ensuite cristalliser en masse par refroidissement. On obtient alors un produit composé de petits cristaux d'apparence cubique, d'un blanc grisâtre et très déliquescents. Ses différentes propriétés physiques et chimiques le rapprochent beaucoup du nitrate de potasse ou salpêtre ordinaire et font souvent désigner le nitrate de soude sous les noms de *salpêtre du Chili, salpêtre du Pérou, salpêtre des mers du Sud*.

Sa composition correspond à la formule AzO^3Na. Il contient généralement de 97 à 98 % de nitrate de soude pur, mais on le falsifie souvent en l'additionnant de sel marin ordinaire. On le livre à l'agriculture à la dose de 15,6 à 16 % d'azote. Sa grande solubilité dans l'eau (un litre en dissout 840 gr. à la température ordinaire) permet de l'employer même dans une terre relativement sèche ; rencontrant beaucoup plus d'eau qu'il ne lui en faut pour se dissoudre, il peut se mettre immédiatement à la portée des plantes.

En 1898, le prix du nitrate de soude chilien était, à Dunkerque, de 17 fr. 50 les 100 kilogrammes pris sur wagon ; en 1902, il était de 22 fr. 80, et en 1906 de 25 fr. 10. On a temporairement dépassé 28 francs.

Dans ces derniers temps on a signalé en abondance la présence du nitrate de soude aux États-Unis et principalement en Californie ; les gisements s'étendent, dans le désert Mohave, du nord de San Bernardino County au sud de Ingo County, à une distance d'environ 150 kilomètres du chemin de fer de Santa-Fé. On y aurait déjà reconnu, paraît-il, la présence de 22 millions de tonnes de nitrate.

Consommation du nitrate de soude. — Epuisement des gisements actuellement connus.

Quoi qu'il en soit, la consommation du nitrate de soude s'accroît sans cesse et, si l'on en croit les statistiques, les gisements de ce sel actuellement exploités seront épuisés dans moins de cinquante ans. Selon Sir W. Crookes et Vergara, ce serait dans vingt ans seulement, au maximum, que l'on verrait ce manque de sel nitré se réaliser d'une façon complète.

Si l'on compare, en effet, les chiffres représentant la consommation du nitrate de soude à 75 ans de distance, on ne peut pas manquer d'être surpris de la rapidité avec laquelle elle s'accroît chaque année.

Le tableau ci-dessous permet du reste de se rendre compte de ce fait. Il renferme, en regard des années mentionnées, la consommation partielle et globale du nitrate de soude dans le monde à différentes époques :

ANNÉES	CONSOMMATION EN MILLIERS DE TONNES			TOTAUX EN TONNES
	Europe	Amérique	Autres pays extra-européens	
1831	»	»	»	100
1850	»	»	»	20.000
1870	»	»	»	103.000
1890	780	104	»	893.000
1900	1.129	185	20	1.334.000
1902	1.042	210	17	1.269.000
1904	1.131	280	35	1.446.000
1906	1.247	355	40	1.642.000

Ces chiffres se rapportent aussi bien au nitrate employé en agriculture qu'à celui servant à la préparation des produits chimiques (acide nitrique, explosifs, etc.) et ils sont, comme on le voit, plus que significatifs : on peut dire qu'ils sont alarmants. C'est du reste là l'opinion de Sir W. Crookes : il y a cinq ans, il nous mettait en face de cette triste éventualité, à savoir que la population du monde augmentant avec rapidité, nous ne saurions bientôt où prendre la nourriture nécessaire pour alimenter en pain les générations futures :

« Lorsqu'on aura pris, dit-il, toutes les dispositions utiles pour nourrir, si faire se peut, les 230 millions d'hommes en plus qui seront venus probablement grossir en 1930 les populations se nourrissant de pain, et cela par la pleine mise en valeur des terres arables de la zone tempérée aujourd'hui particulièrement utilisées, où pourra-t-on faire pousser les 330 millions de boisseaux de blé en plus qui lui seront nécessaires, dix ans plus tard, pour alimenter un monde affamé ? »

Conséquence économique. — Importance du problème à résoudre.

Etant donné que la base de la nourriture des Européens est le blé et que lui-même a besoin, pour croître, d'azote combiné avec d'autres corps, il convient de veiller à ce que cet azote ne lui fasse jamais défaut ; mieux que cela, la prévoyance nous oblige à enrichir les terres incultes de substances fertilisantes afin d'aller à l'encontre de la famine qui nous arrêterait, malgré nous, dans notre évolution.

On a bien essayé d'introduire dans le sol, en grandes quantités et sous le nom de *nitragine*, des cultures de microbes nitrifiants, mais les essais effectués jusqu'ici n'ont pas été très concluants. D'ailleurs, en supposant même qu'on ait trouvé un moyen économique de vivifier la terre inculte et de la rendre fertile, on ira-t-on chercher les 55 millions d'hectares nouveaux (superficie supérieure à celle de la France) qui seront bientôt nécessaires à la production de nouveaux aliments ? En Europe, cela est presque impossible, car nous devons admettre, avec de nombreux savants, que la majorité des terres propres à ces cultures est déjà utilisée.

Ce qui conviendrait le mieux, ce serait évidemment de chercher à accroître les rendements des sols aujourd'hui cultivés. On a déjà fait de grands progrès dans ce sens, mais il reste encore beaucoup à entreprendre. Les fumures minérales augmentent les récoltes, cela est entendu, mais comme la quantité de fumier dont nous disposons est insuffisante pour arriver à un accroissement sensible de la production, il convient de chercher autre chose.

Les trois éléments indispensables à la vie des plantes, outre la carbone, l'hydrogène et l'oxygène (qui ne leur feront jamais défaut) sont, comme on le sait, l'acide phosphorique, la potasse et l'azote. Or, l'approvisionnement en acide phosphorique et en potasse ne doit pas nous inquiéter, car les nombreux et importants gisements que nous connaissons de ces deux substances et dont l'exploitation est à peine entamée nous assurent pour l'avenir une quantité plus que suffisante de ces substances comme aliments des plantes. Mais nous ne pouvons en dire de même de l'azote, l'exportation des nitrates naturels croissant continuellement, ainsi que nous l'avons vu, et les évaluations les plus sages comme les plus optimistes fixant à une date prochaine l'épuisement des gisements chiliens.

C'est alors qu'il convient d'appliquer et de chercher à vérifier cette parole prophétique de Sir W. Crookes :

« Avant que nous soyons saisis par l'étreinte d'une disette réelle, le chimiste sera intervenu et il aura reculé le jour de la famine à une date si éloignée, que nous pourrons, avec nos fils et nos petits-fils, vivre sans nous inquiéter de l'avenir ».

Ainsi donc, étant donné que la source première de l'azote des végétaux réside dans l'atmosphère, que la consommation de la végétation en azote est énorme et que les sources actuelles d'acide nitrique sont insuffisantes pour permettre aux générations futures de s'accroître normalement, il faut trouver le moyen de *puiser dans le laboratoire inépuisable de l'air les éléments qu'il met à notre disposition* et de fixer les éléments ainsi extraits sous une forme utilisable pour l'industrie et l'agriculture.

C'est là l'énoncé du problème de la production artificielle de l'acide nitrique et des nitrates. Etudions maintenant de quelle façon il peut être résolu, soit par l'emploi de l'énergie électrique, soit par la mise en pratique de réactions chimiques bien définies, ces deux facteurs agissant dans les meilleurs conditions de rendement et de prix de revient.

CHAPITRE II

CONSIDÉRATIONS TECHNIQUES SUR LE RÔLE DE L'ÉLECTRICITÉ DANS LA PRÉPARATION ÉLECTROCHIMIQUE DE L'ACIDE NITRIQUE.

§ I. — Généralités. — Rapports entre la formation naturelle de l'acide nitrique et sa préparation synthétique.

Vue d'ensemble sur la question.

La découverte de l'acide nitrique date du VIIIe siècle et elle est attribuée à Geber, alchimiste arabe. Raymond Lulle (XIIIe siècle) en obtint une certaine quantité en chauffant un mélange de nitrate de potassium et d'argile. En 1784, Cavendish en détermina sa nature, mais c'est à Gay-Lussac que l'on doit d'avoir établi sa composition en volume.

Dans l'industrie, on obtient généralement l'acide nitrique en faisant agir l'acide sulfurique sur le nitrate de soude, le mélange de ces deux substances étant chauffé dans de grandes cornues en grès. Le résidu de la réaction est du sulfate acide de sodium ou bisulfate, dont la valeur commerciale est peu importante.

La préparation de l'acide nitrique et des nitrates au moyen de l'énergie électrique et à l'aide des éléments de l'air est une des plus récentes applications de l'électricité à la chimie, et la mise au point par deux savants norvégiens, le professeur Christian Birkeland et l'ingénieur Samuel Eyde, de travaux poursuivis depuis plus d'un siècle par des chimistes et des physiciens, résout un problème des plus importants au point de vue industriel.

Le principe de cette découverte consiste à emprunter uniquement à l'air qui nous entoure une partie de ses éléments et à les combiner au moyen d'étincelles électriques ou mieux d'arcs voltaïques rapides. Comme on peut déjà s'en rendre compte, il n'y a donc à envisager comme source de dépenses, dans cette fabrication, que l'installation d'une usine convenable et la production du courant électrique nécessaire à la formation des arcs.

Pour nous rendre compte de la simplicité des réactions à produire, il nous suffit de remarquer simplement que, ce que nous cherchons à réaliser ainsi artificiellement, la nature le produit elle-même avec une extrême facilité, quoique avec une certaine irrégularité suivant les circonstances qui agissent sur l'état physique et chimique de l'atmosphère.

Présence constante de l'acide nitrique dans l'atmosphère.

On sait depuis longtemps que sous l'influence des phénomènes électriques dont l'enveloppe gazeuse de la terre est le siège (étincelles, décharges silencieuses), la combinaison des deux principaux gaz qui la constituent, l'oxygène et l'azote, donne naissance à de l'acide nitrique. Naturellement ce composé se forme toujours en très petite quantité et il est en même temps soumis aux variations atmosphériques et aux perturbations électriques qu'il subit suivant les lieux et les saisons. Mais, en quelque quantité qu'il soit formé, cet acide nitrique se combine aux traces d'ammoniac contenues dans l'air et donne ainsi naissance à du nitrate d'ammoniaque, lequel est ensuite apporté au sol par l'eau de pluie ou la neige.

Une expérience très simple permet du reste de constater la présence de l'acide nitrique dans l'atmosphère ; elle consiste à faire passer un courant d'air dans une dissolution de carbonate de potassium : au bout d'un certain temps, celle-ci contient de l'azotate de potassium, composé formé par la substitution de l'acide nitrique de l'air à l'acide carbonique du réactif employé.

D'après Boussingault, les chiffres représentant la quantité d'acide nitrique entraînée vers le sol par les pluies sont assez variables. Quatre prises d'essai effectuées au Liebfrauenberg lui ont donné, comme moyennes d'acide nitrique par litre, les nombres suivants :

0 milligr. 94; 0 milligr. 41; 0 milligr. 37; 0 milligr. 24.

Ses recherches l'ont amené à admettre que la quantité d'acide nitrique amenée au sol par hectare et par an était en moyenne de 0 kilogr. 33.

Les analyses effectuées dans le parc de Montsouris, à Paris, ont donné un nombre beaucoup plus élevé, soit 4 kilogr. par hectare et par an.

La neige contient beaucoup plus de nitrate d'ammoniaque que la pluie ; elle doit cela à la plus grande surface qu'elle présente à l'air libre et au temps qu'elle met pour arriver jusqu'au sol. Dans ces conditions, il est bien évident qu'elle recueille beaucoup plus facilement que la pluie les matériaux atmosphériques solubles dans l'eau.

Le tableau ci-dessous donne, par mètre carré de surface, la moyenne des résultats de déterminations relatives à la quantité d'acide nitrique versée par les pluies pendant les différents mois de l'année :

Janvier	26 milligr.	Juillet	38 milligr.
Février	24 —	Août	37 —
Mars.	24 —	Septembre. . . .	36 —
Avril.	33 —	Octobre.	45 —
Mai	32 —	Novembre	33 —
Juin	36 —	Décembre	36 —

Ces résultats concernent des expériences effectuées de 1880 à 1894, soit pendant 14 années successives. Ils sont assez remarquables. En effet, alors que pendant les périodes ds l'année où les orages sont rares (hiver et printemps), nous constatons des minimums très nets (24 milligrammes), au contraire aux époques de grande chaleur, pendant lesquelles les décharges électriques de l'atmosphère sont fréquentes (juillet, août, octobre), nous sommes en présence de chiffres très élevés (45 milligrammes en octobre).

Dans les régions tropicales, où les orages sont très intenses et se succèdent rapidement, la proportion d'acide nitrique est de même très élevée. MM. Müntz et Mercano ont trouvé à Caracas (Vénézuéla), 5 kilogr. d'acide par hectare et par an et 6 kg. 9 à l'île de la Réunion.

C'est du reste l'odeur caractéristique des vapeurs nitreuses, jointe à celle de l'ozone, que l'on perçoit après la chute de la foudre pendant les temps d'orage et que les profanes désignent souvent sous le nom d'odeur « de soufre ». Les courants électriques qui agitent l'atmosphère se produisent, d'après Lemstron, chaque fois qu'un circuit se trouve interrompu par une couche d'air, pourvu que la différence de potentiel à ses deux extrémités dépasse une certaine limite.

Origine de l'acide nitrique atmosphérique. — Explication de la formation naturelle des nitrates.

Que devons-nous conclure de ces premiers faits ? C'est que l'acide nitrique atmosphérique a pour cause essentielle l'électricité agissant soit, sous forme d'étincelles, soit simplement sous forme de décharges silencieuses à travers la masse gazeuse placée au-dessus de nous. Rien donc de plus naturel que de chercher à réaliser, mais d'une façon moins grandiose et dans un espace limité, ce que la nature effectue elle-même par intermittence.

Ainsi que nous le verrons plus loin, on sait du reste aujourd'hui, grâce aux travaux d'Hofman et de Berthelot, que l'effluve et l'étincelle électrique peuvent facilement provoquer la combinaison de l'oxygène et de l'azote de l'air, en donnant naissance à des composés nitreux lorsque cette action se produit en présence de la vapeur d'eau.

Ces mêmes considérations permettent logiquement de laisser supposer que la production naturelle des nitrates dans certains pays tropicaux tels que le Pérou, le Chili, la Haute-Egypte, est due en grande partie à une action lente et continue de l'effluve produite par un ciel serein et s'exerçant sur les couches d'air voisines du sol légèrement humide et perméable. Cette action, en se manifestant sur des terrains renfermant des sels de soude, favoriserait la production des nitrates.

Nous n'irons cependant pas, à force de déductions, jusqu'à admettre pour la fin du globe terrestre l'hypothèse, formulée par certains auteurs, d'une pluie d'acide nitrique due à un orage terrible et exceptionnel et détruisant, par son action corrosive, êtres vivants et matériaux de toutes sortes ! Non, évidemment : les causes logiques capables de conduire le monde vers sa fin certaine sont déjà assez nombreuses pour qu'il soit inutile de recourir à de pareils cataclysmes et embrouiller encore davantage les quelques justes notions que nous possédons sur la destinée de l'univers. Mais il faut tout de même reconnaître que des théories raisonnées et d'accord avec les faits observés et sans cesse contrôlables peuvent souvent guider le savant vers de sages conclusions. Et c'est pour cela qu'après avoir admis comme cause première de la production de l'acide nitrique dans l'air l'action exercée par les décharges électriques, nous classerons dans la même catégorie de phénomènes ceux relatifs aux effets produits par l'électricité sur la végétation et que nous allons maintenant analyser.

Explication de l'action exercée par l'électricité sur la végétation.

Berthelot a montré que la fixation de l'azote par les plantes pouvait s'effectuer à l'air libre sous une différence de potentiel ne dépassant pas 8 à 10 volts, condition qui se trouve très fréquemment réalisée dans l'atmosphère. Nous citerons à ce sujet une expérience caractéristique de ce savant :

Sur un gâteau isolant de résine *a* (fig. 3) on a placé un vase contenant une certaine quantité de terre plantée et, entre la terre contenue dans le vase et une couche d'air atmosphérique de faible épaisseur, on établit une différence de potentiel très variable, comprise par exemple entre 30 et 130 volts. Un pôle *n* de la batterie P servant à produire l'énergie électrique est, pour cela, en relation avec un disque de toile métallique *i*, en cuivre rouge, limitant l'épaisseur de la couche d'air comprise entre sa surface et le vase V ; l'autre pôle *m* de la batterie communique électriquement avec la terre du vase au moyen de trois lames de platine *e* fixées sur le rebord du vase et placées à des distances égales l'une de l'autre. A ce dispositif on en joint un second semblablement constitué mais renfermant de la terre non plantée.

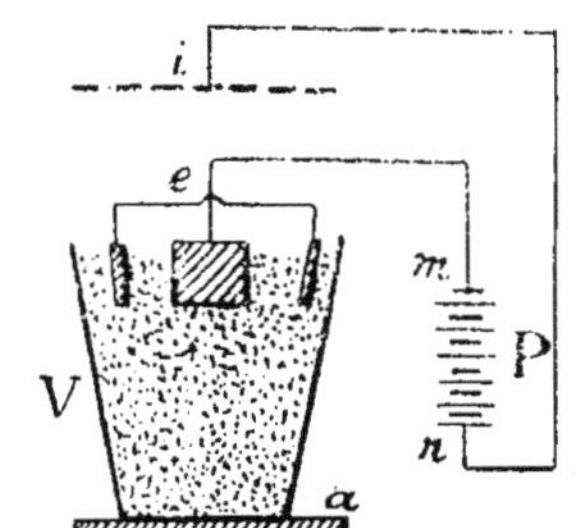

Fig. 3.—Expérience de Berthelot sur la fixation de l'azote par les plantes au moyen de l'électricité.

Une série d'expériences entreprises avec des légumineuses ont montré que, dans cinq cas sur six, le vase électrisé fixe plus d'azote que le vase témoin non électrisé. L'électricité exerce donc ici une action très marquée dans le mécanisme de la fixation de l'azote.

Il y a quelque temps on a procédé à Bevington Hall, près

d'Evesham, à des expériences du même genre mais sur une plus grande échelle. Un champ de 16 hectares de surface fut ensemencé en blé anglais et en blé canadien. Comme appareil producteur d'électricité, ou utilisait une bobine d'induction à haute tension ; les fils conducteurs étaient supportés par des isolateurs fixés à des poteaux ayant environ 4^{m},50 de hauteur et disposés par rangée, les poteaux étant espacés de 70 mètres. En outre, les fils conducteurs de deux rangées différentes étaient reliés entre eux par des fils minces de fer galvanisé, distants de 12 mètres environ et servant d'écoulement à l'électricité vers le sol. Le blé canadien, soumis à cette électrisation, donna 39 °/₀ d'augmentation et le blé anglais, placé dans les mêmes conditions, 29 °/₀. Conséquence industrielle importante, les blés ainsi électrisés furent vendus 7,5 °/₀ plus cher que les blés ordinaires, par suite de la meilleure qualité de farine qu'ils étaient capables de fournir.

Comment donc expliquer ces phénomènes en apparence si surprenants ? Cela est facile, car n'est-il pas naturel de rechercher, en effet, comme origine première de cet enrichissement en azote des plantes électrisées, l'énergie électrique elle-même agissant non pas comme force statique, mais comme puissance dynamique ? La couche d'air voisine du sol, soumise à l'action continue quoique invisible de la décharge, se transforme partiellement en acide nitrique dont l'azote, arrivant à la plante sous forme de nitrate après avoir pénétré dans le sol, permet à cette plante de s'accroître plus rapidement et avec un rendement supérieur à celui qui semble répondre aux conditions atmosphériques normales.

Cette influence de l'électricité sur la végétation peut encore se constater par ce fait que, si l'on dispose des plantes dans une cage de Faraday constituée par un treillis métallique relié au sol, la croissance des plantes se trouve considérablement retardée. En effet, l'électricité se portant à la surface des corps est dès lors impuissante à agir à travers le treillis métallique et la plante ne peut subir son action. Cette expérience, qui peut être considérée comme la réciproque de celle de Berthelot, la confirme cependant d'une façon très nette.

Remarquons enfin que cette action de l'électricité sur les plantes, assez limitée lorsque l'air ou le sol ne contiennent pas d'humidité, est au contraire des plus marquées lorsqu'on incorpore à ces milieux, naturellement ou artificiellement, une certaine quantité de vapeur d'eau.

Dans ce dernier cas, en effet, l'action de l'électricité s'exerce dans des conditions en tout comparables à celles qui provoquent la formation de l'acide nitrique et des nitrates par les temps d'orages et il est naturel qu'elle produise les mêmes résultats.

Voyons donc maintenant de quelle façon peut s'effectuer la meilleure utilisation de l'électricité pour arriver à produire artificiellement ce que les météores recèlent en abondance, et pour cela, comparons entre eux les résultats que l'on obtient en combinant l'oxygène et l'azote de l'air par les trois procédés généraux que l'électricité nous permet d'employer : l'étincelle ou l'arc électrique, l'effluve et l'électrolyse.

§ II. — Emploi de l'étincelle ou de l'arc électrique pour combiner artificiellement l'oxygène et l'azote de l'air.

Historique de la question. — Premières recherches scientifiques.

On sait, en chimie pure, que l'on peut facilement combiner l'azote à l'hydrogène et à l'oxygène en faisant agir l'étincelle électrique sur un mélange de ces trois gaz en présence de la vapeur d'eau. On obtient ainsi l'acide nitrique de synthèse.

C'est à Cavendish que l'on doit d'avoir le premier constaté la combinaison directe de l'azote et de l'oxygène à l'état d'acide nitrique, en présence d'étincelles électriques. Après avoir découvert l'hydrogène (1781) et la combustibilité de ce gaz, il constata qu'il donne de l'eau en s'enflammant au contact de l'air ; il remarqua en même temps que le produit de cette combustion renferme de l'acide nitrique.

La première conséquence de cette découverte est que l'azote est oxydable sous l'influence de la température produite par la combustion de l'hydrogène au contact de l'air.

Deux ans plus tard, le même savant construit l'eudiomètre, basé sur la combustion de l'hydrogène dans l'oxygène sous l'action de l'étincelle électrique ; il montre que, dans cette expérience, il se forme de l'oxyde d'azote en même temps qu'un certain volume d'eau ; cet oxyde d'azote se transforme en acide azotique lorsqu'il est mis en contact avec l'eau.

Dans le mémoire qu'il nous a laissé sur ses expériences sur l'air, Cavendish s'exprime ainsi :

« Quand l'étincelle électrique est obligée de passer dans l'air ordinaire, renfermé entre deux petites colonnes d'une solution de tournesol, la solution prend une couleur rouge et l'air diminue, conformément à ce qu'a observé le Dr Priestley ».

Dans la préface de son ouvrage sur l'histoire de l'électricité, publié en 1775, ce dernier savant disait à son tour :

« Ainsi, dans mes observations sur différentes sortes d'air, le lecteur trouvera que j'ai prouvé que la matière électrique est identique au phlogistique ou en renferme, quand j'ai démontré qu'elle affecte toutes les sortes d'air de la même manière que le phlogistique. En particulier, elle diminue l'air ordinaire d'un quart et le rend pernicieux de façon à ne pas faire effervescence avec l'air nitreux. »

Plus tard, en 1790, dans une nouvelle édition de son ouvrage, Priestley décrit encore l'action de l'étincelle électrique sur l'air et rappelle que Cavendish a prouvé que l'acide nitreux était formé dans ce procédé par l'union de « l'air déphlogistiqué » et de « l'air phlogistiqué » dans l'air ordinaire.

Nous arrivons en 1804, époque à laquelle Davy démontre que l'arc voltaïque est une flamme. Il effectue différentes expériences relatives à l'action de l'électricité sur les composants de l'air et obtient les mêmes résultats que ses prédécesseurs en plaçant dans un mélange gazeux d'oxygène et d'azote un fil de platine rendu incandescent par le passage d'un courant électrique provenant d'une batterie de piles.

Premiers essais industriels.

En 1839, apparaît le premier brevet concernant la fabrication industrielle de l'acide nitrique au moyen de l'électricité. Il fut pris par une Française, Mme Lefèbre, qui imagina un appareil se composant d'un ballon à quatre tubulures dont deux laissaient passer des électrodes terminées par des fils de platine. Les deux autres ouvertures servaient, l'une à amener l'air et l'autre à conduire les oxydes d'azote dans un flacon contenant de l'eau. L'étincelle était fournie par une bobine d'induction et l'on augmentait le rendement de l'appareil en envoyant dans celui-ci un excès d'oxygène.

En 1880, Sir James Dewar découvre la formation, dans l'arc

électrique, de nitrite et de cyanogène. De nombreux essais s'ensuivent dans le but de déterminer, à l'aide de lampes Siemens et de bougies Jablochkoff, actionnées par un courant alternatif, la quantité d'acide nitreux produite. Avec la machine de Siemens, le maximum obtenu était de 804 milligrammes par heure ; avec un courant plus intense fourni par une machine de Méritens, le rendement fut plus élevé et il alla jusqu'à 1257 milligrammes par heure, la quantité d'énergie électrique employée à cet effet pouvant être évaluée à 1 kilowatt environ.

Dispositif de Prim. — Influence de la pression et de l'humidité.

En 1882, la solution de ce problème pratique fut reprise par Prim à qui l'on doit plusieurs observations judicieuses. Il fit remarquer, en particulier, qu'il y a augmentation de rendement sous l'influence de la pression et de l'humidité. Comme source d'éner-

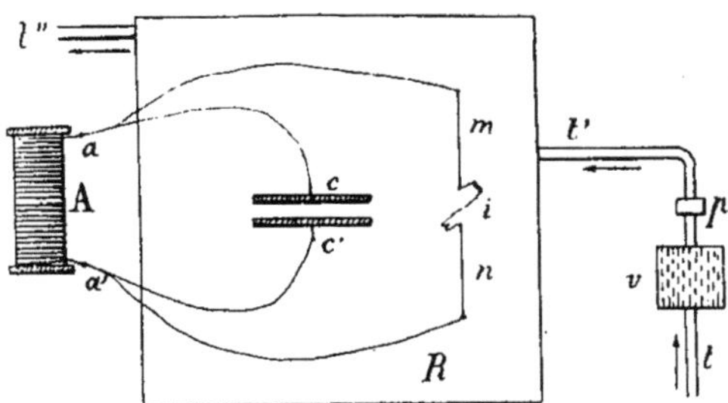

Fig. 4. — Dispositif de Prim pour étudier la formation des composés nitreux dans l'air au moyen de l'électricité.

gie, il employait un inducteur d'étincelles alimenté par une machine magnéto ou dynamo-électrique. Son procédé est assez intéressant, car il utilise à la fois les décharges obscures et l'étincelle.

L'appareil employé pour arriver à ce résultat comprend une bobine A (fig. 4) munie de deux paires de fils conducteurs partant des bornes *a* et *a'*. Les fils arrivent d'une part à un condensateur *cc'* et d'autre part à deux bornes *m* et *n* entre les extrémités desquelles peut jaillir une étincelle *i*. Le condensateur et l'éclateur sont réunis dans une même chambre R dont les dimensions doivent être telles que l'étincelle puisse se former quelle que soit la puissance du courant gazeux traversant l'appareil.

Pendant le fonctionnement de la bobine A, l'air venant de l'extérieur par le tube *t*, après une compression préalable, traverse un récipient *v*, sorte de barboteur contenant de l'eau et qui le sature d'humidité. Une pompe *p* le fait pénétrer, par l'intermédiaire du tube *t'*, dans la chambre R au moyen de tubes ramifiés divisant ainsi plus facilement sa masse. L'électricité qui passe de *m* en *n* sous forme d'étincelles donne naissance à un courant d'extra-rupture de deuxième ordre aux points *c* et *c'*, qui se manifeste sous forme de décharges obscures à travers le condensateur. Celui-ci se compose simplement de deux disques de verre recouverts de plaques métalliques et placés parallèlement l'un à l'autre. Les vapeurs nitreuses engendrées par l'action des décharges sont amenées hors de la chambre R dans des récipients spéciaux d'absorption, au moyen du tube *t''*.

Ce procédé, légèrement modifié, a été appliqué industriellement, ainsi que nous le verrons plus loin.

Appareils divers.

En 1892, Sir William Crookes montra qu'au contact de l'air, l'azote peut fournir, sous l'influence d'un fort courant d'induction, une flamme renfermant de l'acide nitreux et de l'acide nitrique.

En 1895, Perot et Coupier, après de nouvelles recherches sur l'oxydation de l'azote de l'air sous l'influence des décharges électriques, purent construire un appareil composé d'une ampoule dans laquelle une certaine masse d'air était soumise à l'action d'un courant alternatif à haute tension. En renouvelant continuellement cet air et en le faisant absorber par des liquides convenables, on pouvait arriver à produire par kilowatt-an environ 360 kg. d'acide nitrique monohydraté, l'année étant comptée de 365 jours et ces derniers de 24 heures.

Rôle de l'étincelle électrique dans la formation de l'acide nitrique.

De nombreux essais ont été effectués dans le but d'étudier le rôle de l'électricité dans la combinaison des deux éléments de l'air sous l'influence de la décharge. Il est logique de se demander, en effet, si cette formation d'acide nitreux et d'acidenitrique est due au courant électrique lui-même en tant que force active c'est-à-dire se manifestant comme forme d'énergie ou si ellerésulte simplement de la grande quantité de chaleur dégagée par le courant. Les savants sont assez divisés à ce point de vue, mais le plus grand nombre se rangent cependant à l'idée que c'est au grand dégagement de chaleur dégagé qu'est due la combinaison des gaz oxygène et azote sous l'influence de la décharge électrique. le rendement augmentant du reste avec la température.

D'après Berthelot, la réaction qui s'exerce entre les éléments de l'air dans la préparation de l'acide nitrique par synthèse électrochimique est toujours endothermique au voisinage de la température ordinaire, mais il est presque impossible d'évaluer ce qui a lieu aux températures de l'arc ou de l'étincelle, parce que nous ignorons quelles peuvent être les chaleurs spécifiques des gaz simples à ces températures élevées. Cependant, en se conformant aux analogies tirées de la connaissance générale des relations constatées entre les chaleurs spécifiques des gaz simples et celles des gaz composés, il paraît probable que la chaleur absorbée dans la formation des oxydes d'azote à l'aide de leurs éléments doit croître en valeur absolue avec l'élévation de température.

D'après ce même chimiste, la réaction n'est jamais complète par l'effet de l'étincelle électrique jaillissant dans un mélange gazeux d'oxygène et d'azote, car une série prolongée d'étincelles décompose l'hypoazotide formé. Si l'on désire obtenir la combinaison complète des deux éléments dans ces conditions, il convient de mettre en contact avec le mélange gazeux un alcali qui, en fixant les composés nitreux au fur et à mesure de leur production, forme un nitrate ayant alors une plus grande stabilité.

Pour M. Guye, la fixation de l'azote atmosphérique sous forme d'acide nitrique et à l'aide des décharges statiques serait fonction non seulement de la température mais aussi de la pression. Pour combiner l'azote et l'oxygène, comme cela a lieu dans l'arc électrique, il est nécessaire de produire une température très élevée, mais il faut ensuite refroidir assez brusquement le gaz produit pour que la réaction inverse ne se manifeste pas.

D'après M. Jouve (1), la seule raison qui semble déterminer la préférence donnée aux décharges à *haute tension* est la suivante :

Si l'on emploie des décharges de courants puissants, capables de produire une énergie maximum et une température plus élevée, les métaux dont se composent les électrodes peuvent fondre ; d'autre part, l'emploi du charbon semble impossible, cette substance étant un réducteur des plus énergiques et le composé qu'il

(1) *Revue d'Electrochimie et d'Electrométallurgie*, janvier 1907, p. 8.

forme à haute température en présence de l'oxygène, l'oxyde de carbone CO, possédant la même propriété.

Nous avons vu cependant qu'une température élevée est nécessaire pour l'obtention d'un bon rendement. Le calcul permet même de déterminer la valeur de ce rendement par rapport au degré de chaleur de la réaction. En effet, si nous limitant entre les températures de 1500° à 5000° nous cherchons la quantité de protoxyde d'azote produite en agissant soit sur un mélange d'azote et d'oxygène soit sur l'air seul, nous obtiendrons les résultats consignés dans le tableau suivant :

TEMPÉRATURE de réaction	TEMPÉRATURE absolue	Rendement °/₀ AzO en volume	
		Az + O	Air
1 227	1.500	0,61	0,69
1.727	2.000	3.77	3,02
2.227	2.500	11,2	8,96
2.727	3.000	23,0	18,4
3.227	3.500	39,9	31,2
3.727	4.000	57,6	46,2
4.727	5.000	100,0	80,3

Ces chiffres nous permettent de construire les deux courbes de la fig. 5 qui traduisent graphiquement les résultats obtenus. Elles nous montrent que le rendement augmente rapidement avec la température et aussi que ce rendement n'est que de 20 °/₀ plus fort lorsqu'on emploie un mélange d'azote et d'oxygène au lieu de l'air atmosphérique. Pratiquement, l'usage de ce dernier gaz semble donc tout indiqué. Nous verrons cependant plus loin qu'il y a tout de même intérêt à faire pénétrer dans la chambre de réaction, et en même temps que l'air, un certain volume d'oxygène.

Mais comment arriver à produire des températures aussi élevées que celles indispensables à l'obtention d'un bon rendement en acide nitrique ? Rasch a proposé, pour les réactions pyrochimiques de ce genre, l'emploi de conducteurs de seconde classe tels, par exemple, que les résistances ou les électrodes chauffées électriquement. En employant des oxydes métalliques portés à l'incandescence (*magnésie, oxydes de thorium et de zirconium*), il est ainsi facile d'atteindre des températures supérieures de plusieurs centaines de degrés à celles que peut produire l'étincelle électrique éclatant entre deux pointes métalliques.

La mise au point de ces desiderata présente évidemment certaines difficultés, mais il n'est pas douteux aussi que les perfectionnements successifs amenés par chaque dispositif nouveau finiront par rendre possible l'emploi d'appareils industriels à haut rendement.

MM. Briner et Durand ont recherché quelle pouvait être l'action de l'étincelle électrique sur un mélange d'oxygène et d'azote aux basses températures (1). Ils ont opéré à la température de l'air liquide, soit environ 190° au-dessous de zéro, et ont déterminé l'influence exercée par la *composition* du mélange et la *pression* sur le rendement. Ils ont pu ainsi constater tout d'abord que le rendement le plus avantageux est celui qui correspond au mélange 2Az + 2O. Ceci est d'accord avec les prévisions théoriques d'après lesquelles l'azote est fixé au début à l'état de protoxyde d'azote. Quant à l'influence de la pression, elle peut être étudiée en opérant sur un mélange correspondant à $2Az + 2O_2$. On constate alors que, de la pression de 460 mm. à la pression de 217 mm., le rendement oscille entre 0 gr. 8 et 0 gr. 6 de AzO^2 par kilowatt-heure. Aux faibles pressions, comme cela a lieu pour l'ammoniac, le rendement augmente d'une façon très sensible entre des pressions allant de 145 mm. à 4 mm. ; il atteint alors une valeur moyenne de 1 gr. 43.

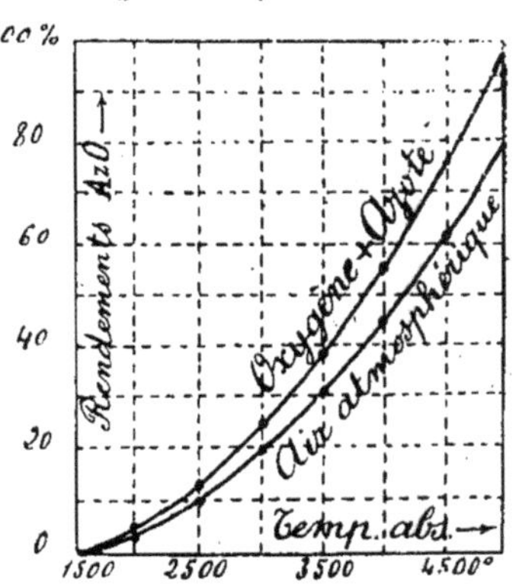

Fig. 5. — Variation, en fonction de la température, du rendement en protoxyde d'azote de l'air et d'un mélange d'oxygène et d'azote soumis à des décharges électriques.

Prix de revient de l'azote nitrique formé aux dépens de l'air par l'emploi de l'étincelle ou de l'arc électrique.

Quant au prix de l'azote nitrique résultant de la combustion de l'air, il peut être calculé avec assez de précision en tenant compte

(1) *Comptes rendus de l'Académie des Sciences*, 22 juillet 1907.

de tous les éléments entrant en jeu dans sa préparation. D'après M. Guye, on pourrait établir comme suit le prix de revient d'*une tonne* d'acide nitrique fabriqué par combustion à l'aide de l'énergie électrique :

Energie électrique à 50 fr. le kilowatt-an	100 fr.
Réparations des dynamos et appareils	10
Concentration de l'acide et emballage	50
Salaires et frais généraux	55
Amortissement et intérêt à 5 o/o	40
Total . .	255 fr.

Le prix de l'azote serait ainsi de 1 fr. 15 le kilogramme.

Si l'on désire connaître le prix de l'azote à l'état de nitrate de chaux, il convient de remplacer les 50 fr. correspondant à la concentration et à l'emballage de l'acide par les frais relatifs à la chaux (15 fr. la tonne), à l'emballage du nitrate en bidons soudés (28 fr.) et aux transports (20 fr.). On arrive ainsi à la somme de 268 francs pour le prix de la tonne de *nitrate de chaux*, ce qui met le prix de l'azote à 1 fr. 25 le kilogramme. Ce prix est encore très bas par rapport à ceux correspondant aux procédés habituels de préparation des composés nitrés utilisables par l'industrie ou l'agriculture.

§ III. — Emploi de l'effluve.

Généralités.

L'effluve peut donner facilement naissance aux composés oxygénés de l'azote si l'on se sert, pour produire la réaction, d'appareils permettant d'éviter les formations secondaires et en particulier celle de l'ozone.

MM. Hautefeuille et Chappuis ont constaté que de l'air humide traversant un tube à effluves de tension moyenne laissait sur les parois de ce tube un léger enduit d'acide nitrique.

De nombreuses expériences ont en outre établi que, de même que l'étincelle, l'effluve peut provoquer l'union de l'oxygène et de l'azote en donnant du bioxyde d'azote. Cependant, lorsque la proportion de ce gaz atteint une certaine limite, une décomposition inverse a lieu avec formation d'hypoazotide, d'après l'équation suivante :

$$AzO + O = AzO_2.$$

En présence d'une nouvelle quantité d'oxygène et par l'action continue de l'effluve, ce dernier gaz se transforme lui-même en acide perazotique :

$$2AzO^2 + O = Az^2O^5.$$

Finalement, on peut constater dans la réaction la présence de tous les gaz précédents.

Si l'on opère avec des tensions élevées et en présence d'une dissolution saline, on peut arriver à produire exclusivement des composés nitreux acides, c'est-à-dire des azotites et des azotates alcalins.

Formation d'acide nitrique, de nitrates et de nitrites.

En utilisant l'effluveur à électrodes liquides, M. A. Nodon a obtenu dans l'air et en présence d'une dissolution de carbonate de soude de fortes proportions de nitrate de soude. Théoriquement, 1 cheval-heure peut produire 1 kg. 89 d'acide nitrique. En admettant un rendement de 40 % seulement en partant de l'énergie mécanique, on pourrait ainsi produire 756 grammes d'acide par cheval dépensé.

Les effluves à haute tension, agissant sur un mélange d'azote et de vapeur d'eau, donnent de l'azotite d'ammoniaque, d'après la réaction suivante :

$$2Az + 2H^2O = AzO^2.\ AzH^4.$$

En présence de l'air humide, il se forme un mélange de nitrite et de nitrate d'ammoniaque, comme cela se produit parfois dans l'atmosphère, ainsi qu'on le constate par l'analyse des pluies d'orage.

Synthèse de l'acide nitrique à la température ordinaire.

La synthèse de l'acide nitrique au moyen de l'effluve et à la température ordinaire a été réalisée directement et intégralement par Berthelot et cela sans complications ni formations secondaires. Le procédé consiste à opérer, au moyen des appareils ordinaires à effluves, soit sur un courant gazeux, soit sur un volume connu de gaz renfermé dans un récipient de verre scellé, en présence de l'eau ou d'une solution étendue de potasse. Il se forme alors uniquement de l'acide nitrique, d'après la réaction synthétique suivante :

$$2Az + 5O + H_2O = 2AzO_3H,$$

cet acide pouvant rester à l'état libre ou s'unir à la potasse suivant les dispositifs choisis et le but de l'expérience.

Quel que soit l'excès relatif de l'azote, la réaction s'effectue continuellement suivant cette formule, sans qu'il se forme ni acide nitreux bien sensible, ni ammoniaque. L'effluve est produite au moyen d'une bobine d'induction à décharges alternatives et la longueur des étincelles est au maximum de 20 millimètres. On a toujours soin de bien régler l'appareil pour qu'il ne se produise à l'intérieur des gaz contenus dans le vase, ni étincelles ni pluie de feu.

Pour la mise en pratique du procédé, on fait circuler lentement un courant d'air dans l'appareil, à raison d'un demi-litre par heure (température = 10°) et pendant huit heures. La quantité totale d'acide formé est alors, pour une heure, de 0 gr. 0192. Si l'on recommence une expérience semblable, mais à raison de 5 litres d'air en huit heures, on obtient finalement 0 gr. 202 d'acide nitrique et comme précédemment, il ne se forme ni acide nitreux ni ammoniaque. Cette formation d'acide nitrique, à peu près exclusive en présence d'un mélange d'azote, d'oxygène et de vapeur d'eau, peut du reste se produire, non seulement à la température ordinaire, mais même à la température de 80°.

L'effluve joue principalement dans la formation de l'acide nitrique, à la température ordinaire, le rôle de déterminant, sans fournir une énergie consommée au cours de l'accomplissement de la combinaison, et la réaction est toujours endothermique au voisinage de la température ordinaire.

Facteurs intervenant dans la préparation de l'acide nitrique au moyen de l'effluve : humidité, intensité électrique, température.

Différents facteurs peuvent influencer le rendement de l'acide nitrique obtenu par la décharge silencieuse. Ce sont principalement : l'*humidité* de l'air, l'*intensité du courant* employé et la *température*.

Warburg et Leithauser, à la suite de déterminations sur l'ozonisation partielle de l'oxygène de l'air sous l'action de la décharge silencieuse (1), ont recherché entre quelles limites pouvait varier la quantité d'oxyde d'azote formée en même temps, suivant les circonstances capables d'agir également sur l'état physique ou chimique de l'air.

(1) *Drudes Annalen*, août 1906.

a) Pour étudier l'influence de l'humidité sur le rendement en composés azotés, on peut se servir des phères de platine avec intervalle explosif en série. En cherchant à maintenir aussi constantes que possible la pression de l'air dans l'appareil et sa vitesse par seconde, mais en faisant varier au contraire, dans de grandes limites, l'état hygrométrique de l'air, il est facile de se rendre compte des proportions d'oxydes d'azote correspondant à un degré d'humidité connu. Le tableau ci-dessous résume quelques-uns des résultats ainsi obtenus :

HUMIDITÉ : pression de la vapeur d'eau	PRESSION dans l'appareil	VITESSE DE L'AIR par seconde	PROTOXYDE D'AZOTE par heure
mm 0	mm 781	cm3 13,5	cm3 3,21
0,79	784	14,5	3,04
2,85	785	14,5	3,00
7	789	15	3,18

Ainsi, la quantité d'azote oxydé est indépendante de l'humidité de l'air pour des pressions comprises entre 0 et 7 millimètres.

b) Si maintenant nous faisons varier l'intensité du courant, nous observons qu'elle influe aussi très peu sur la proportion d'oxyde d'azote formé, le volume de protoxyde d'azote mesuré en centimètres cubes et par ampère-heure variant dans des limites très resserrées ainsi qu'on peut s'en rendre compte par les chiffres contenus dans le tableau suivant :

INTENSITÉ en ampères	PROTOXYDE D'AZOTE FORMÉ	
	cm³ par heure	cm³ par ampère-heure
a 0,00014	cm3 1,53	cm3 10.920
0,00028	3,11	11.107
8,00040	3,76	9.400

c) Quant à l'action de la température, elle se manifeste d'une façon différente, suivant les tensions électriques employées. Comme on peut le voir par le tableau ci-dessous, il y a plus d'azote oxydé à 80° qu'à 19°, la pression étant maintenue constante :

TEMPÉRATURE	VOLTAGE	PROTOXYDE D'AZOTE par heure
		cm3
190°	9.800v	1,58
80	8.800	2,89
160	7.770	2,37
200	5.500	1,73

En faisant monter la température d'abord à 160°, puis jusqu'à 200°, on constate que l'oxydation de l'azote diminue considérablement. On remarque également que, pour une intensité de courant constante, la différence de potentiel entre les électrodes diminue beaucoup entre 180° et 200°.

Appareil Siemens et Halske.

Siemens et Halske ont imaginé un appareil à effluves destiné à la production de l'acide nitrique avec formation initiale d'ozone et dans lequel ce dernier corps, en se décomposant, fournirait la quantité d'oxygène nécessaire à la formation des oxydes d'azote gazeux. Si l'on désire préparer du nitrate d'ammoniaque, ce qui est toujours plus avantageux au point de vue pratique que la préparation d'acide nitrique seul, il suffit d'ajouter au courant d'air chimiquement influencé par l'effluve une certaine quantité de gaz ammoniac. L'azotate formé dans ces conditions se dépose alors sur les parois de l'appareil sous forme de précipité.

Différence d'action entre l'étincelle et l'effluve.

Il semble exister une différence d'action entre l'étincelle et l'effluve relativement à la quantité de vapeur d'eau contenue dans le mélange gazeux en réaction et, contrairement aux observations de Prim, Siemens et Halske mentionnent qu'il est toujours préférable de dessécher soigneusement l'air et l'ammoniac sur de l'acide sulfurique et de la chaux si l'on veut obtenir un bon résultat. La proportion d'ammoniac à employer est de 1 à 2 volumes pour 100 volumes d'air ; une quantité plus grande de gaz ammoniac ne nuit cependant pas au rendement obtenu.

§ IV. — Emploi de l'électrolyse.

Les méthodes d'électrolyse pour la préparation de l'acide nitrique et des nitrates, bien qu'intéressantes au point de vue théorique ou expérimental, n'ont pas encore été appliquées industriellement en raison des difficultés inhérentes à l'obtention de quantités suffisamment élevées de matière. Nous ne ferons donc que mentionner sommairement les quelques tentatives auxquelles elles ont donné lieu dans ces derniers temps.

Procédé Helbig.

Le procédé Helbig, qui a pour but de préparer l'acide nitreux, consiste à électrolyser un bain d'air liquide. Son inventeur a obtenu une poudre bleu ciel, le composé Az^2O^3, en utilisant le courant d'une bobine d'induction de 3500 volts de tension.

Procédé Cohn et Geisenberger.

Dans le procédé Cohn et Geisenberger on utilise l'azote atmosphérique en dissolvant celui-ci dans un électrolyte approprié ; ce dernier peut être constitué par une solution de soude. L'air qui circule à travers les électrodes reste toujours en contact avec le liquide soumis à l'action du courant. Les électrodes sont constituées par des plaques de fer percées d'un nombre de trous suffisants pour permettre aux échanges gazeux de s'effectuer régulièrement.

Appareil Darling.

La préparation de l'acide nitrique par l'électrolyse des nitrates fondus a été réalisée par Darling. Après de nombreux essais de laboratoire, il a pu construire des appareils donnant de bons résultats au point de vue industriel. Nous n'insisterons cependant pas sur la description du procédé, celui-ci ayant surtout pour but la production économique du sodium par l'électrolyse du nitrate de soude, la préparation de l'acide nitrique s'effectuant ici d'une façon accessoire. La réaction qui a lieu est la suivante :

$$AzO^3Na = AzO^2 + O + Na.$$

On peut encore obtenir avec facilité des nitrites et des nitrates en électrolysant l'ammoniaque en présence d'hydrate de cuivre et de soude caustique. La quantité de nitrite formé, d'abord assez élevée, diminue ensuite rapidement par suite d'une oxydation plus complète l'amenant à l'état de nitrate. Lorsque l'opération en est là, l'anode est entourée d'une certaine quantité d'alcali libre ; mais il n'en existe plus au moment de la formation des nitrates. A ce moment, l'acide nitrique qui a pris naissance dans la réaction se trouve transformé partiellement en nitrate de soude et en nitrate d'ammoniaque. Comme anode, on peut se servir avantageusement d'une tige de platine ; avec une anode en fer, la décomposition est beaucoup moins rapide.

Préparation du nitrite d'ammoniaque.

On peut également préparer du nitrite d'ammoniaque, composé dont l'importance agricole paraît aujourd'hui démontrée, en électrolysant une solution saturée de nitrate de soude à 85°C environ et en utilisant une cathode en cuivre amalgamé et un diaphragme poreux. Malheureusement, il est très difficile d'arriver à des rendements élevés avec ce procédé, les solutions obtenues étant toujours très pauvres ; de plus si la concentration en nitrate s'accroît, le rendement est plus faible à cause de la formation d'ammoniaque et du dégagement d'hydrogène à l'électrode négative.

Concentration électrolytique de l'acide nitrique.

Indiquons enfin qu'on a également essayé de concentrer par électrolyse l'acide nitrique obtenu par les procédés habituels (brevet français n° 368.716, année 1906). L'acide faible qui s'écoule des tours d'absorption est pour cela soumis à l'électrolyse ; une fois recueillis, les oxydes d'azote qui se dégagent à la cathode sont condensés à l'état liquide au voisinage de l'oxygène naissant formé à l'anode. Il en résulte la formation d'acide nitrique pur, tout l'acide nitreux subissant l'oxydation. Ce procédé n'a malheureusement pas pu recevoir encore une application pratique.

CHAPITRE III

DESCRIPTION DES PROCÉDÉS UTILISÉS POUR LA PRÉPARATION ÉLECTROCHIMIQUE DE L'ACIDE NITRIQUE.

§ I. — Procédés utilisant un arc électrique normal.

Appareil de Mac Dougall.

L'emploi de l'arc électrique pour la préparation synthétique de l'acide nitrique a été utilisé en grand par Mac Dougall au moyen d'un appareil (fig. 6) comprenant un ou plusieurs récipients O en

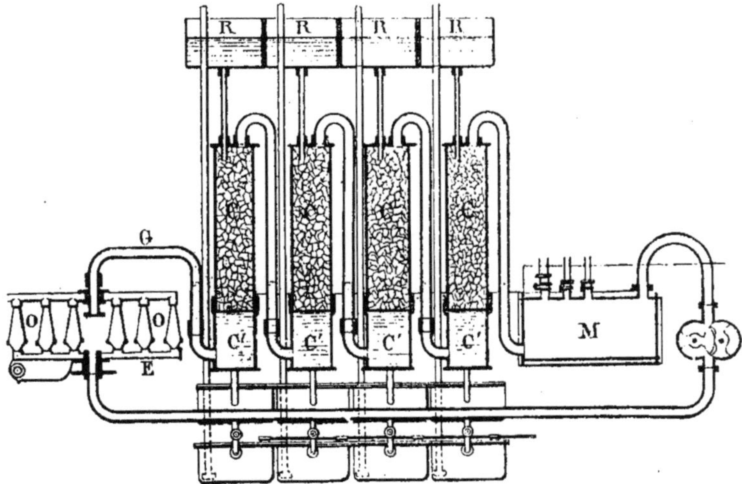

Fig. 6. — Appareil de Mac Dougall.

terre réfractaire. Chaque récipient est relié à l'une de ses extrémités à un tuyau d'amenée d'air E et, à l'autre extrémité G, à un absorbeur CC'. Afin d'augmenter le rendement, l'air est mélangé d'oxygène et envoyé sous pression, tandis que les vapeurs acides sont absorbées à l'aide de la vapeur d'eau. La solution acide ainsi obtenue circule dans l'absorbeur jusqu'à ce qu'elle ait atteint une concentration suffisante, et, comme l'air qui s'échappe de l'appareil contient encore de l'oxygène, on le renvoie dans l'appareil mélangé d'air frais. Un récipient intermédiaire M sert de mélangeur.

L'installation industrielle d'une usine fonctionnant à l'aide de ce procédé demande environ 500 appareils semblables dans lesquels agit l'arc électrique. La génératrice employée au début par Mac Dougall fournissait du courant alternatif à 50 périodes, amené, à l'aide d'un transformateur, à la tension de 7.500 volts. Avec 5.000 volts et un écartement d'électrodes de 38 millimètres entre les pôles, on obtient une belle flamme et, à 7.500 volts, celle-ci se maintient parfaitement stable, si toutefois l'écartement est porté à 50 millimètres.

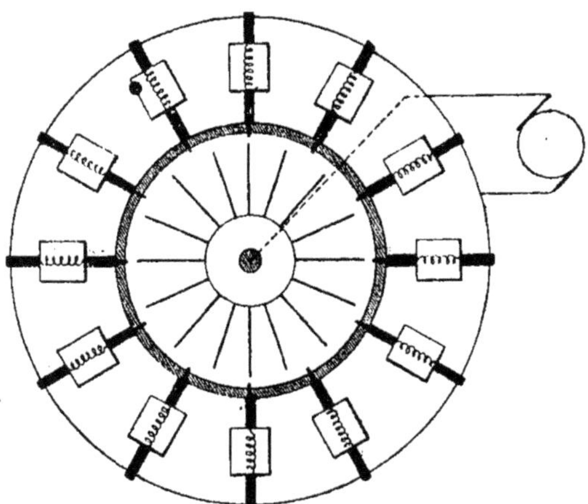

Fig. 7. — Appareil Bradley : coupe schématique.

Ce procédé permet d'obtenir 25 gr. environ d'acide nitrique par cheval-heure, avec une proportion en poids de 50 % d'acide nitreux.

Procédés et appareils de Bradley ou de la « Atmospheric Products C° ».

Les appareils imaginés par Bradley pour la production de l'acide nitrique au moyen de l'étincelle ou de l'arc électrique ont été adoptés, en 1902, par la « Atmospheric Products C° » qui, en utilisant comme source première d'énergie celle fournie par les chutes du Niagara, arriva à de bons résultats économiques.

En principe, les appareils Bradley se composent (fig. 7) d'une sorte de tambour ou cylindre métallique d'une hauteur moyenne de 1^{m},65 et d'un diamètre de 1^{m},23, appelé *tour*. La paroi intérieure de cette tour est garnie d'un très grand nombre d'électrodes disposées concentriquement comme les rayons d'une roue et constituées par des pointes très courtes en platine. Dans l'intérieur de ce premier cylindre s'en trouve un second de plus petit diamètre naturellement et dont la surface extérieure est également garnie de pointes en platine.

Il est dès lors facile de se rendre compte du fonctionnement

Fig. 8. — Dynamo à courant continu employée pour la production des arcs dans les appareils de Bradley.

d'un tel dispositif. Si l'on met en mouvement l'un des cylindres, en ayant soin de placer les pointes de platine respectivement en communication avec les deux pôles d'une source d'énergie électrique, ces pointes se trouveront assez rapprochées les unes des autres à de courts intervalles de temps et donneront naissance à des arcs électriques ; le mouvement tournant de l'appareil amènera rapidement l'amorçage de ceux-ci, ensuite leur allongement et enfin leur extinction.

Les premiers essais effectués avec les appareils Bradley eurent lieu à l'aide de machines statiques, mais les résultats furent peu satisfaisants à cause de l'humidité de l'air due à la proximité des chutes d'eau servant à alimenter l'usine. On utilisa ensuite des dynamos accouplées à des transformateurs capables de produire de

Fig. 9. — Appareil de Bradley : vue d'ensemble.

très hauts voltages. Dans l'espace compris entre les deux cylindres, on insufflait un mélange d'air, de vapeur d'eau et d'oxygène qui, par sa transformation sous le choc des arcs, donnait naissance à l'acide nitrique.

La fig. 8 représente le type des dynamos employées par Bradley.

C'est une machine à courant continu et à inducteur exité séparément. Son pôle négatif est relié, pendant le fonctionnement de l'installation, au cylindre mobile de l'appareil producteur d'acide nitrique dont la fig. 9 représente une vue d'ensemble. Les pièces fixes de ce dernier sont en communication électrique avec le pôle positif de la dynamo par l'intermédiaire de bobines d'induction (fig. 10) qui ont pour but de préserver la génératrice de courts-circuits capables de se produire lors de la formation des petits arcs reliés en quantité.

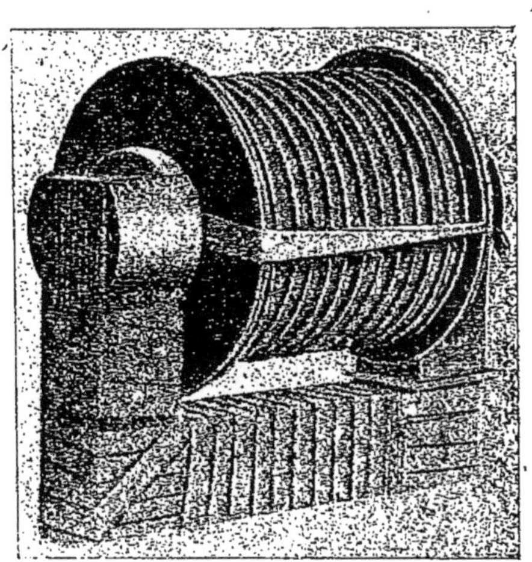

Fig. 10. — Bobine d'induction employée dans l'appareil de Bradley.

Le mouvement de rotation du cylindre mobile est produit par un moteur indépendant de l'appareil et qui imprime à ce cylindre une vitesse moyenne de 500 tours par minute. Dans l'appareil représenté par la fig. 9, les contacts fixes sont au nombre de 138 et disposés sur 6 rangées de 23 chacune ; le nombre total des arcs produits par minute avec cet appareil est ainsi de 414.000. Quant à la vitesse de l'air dans l'appareil, elle correspond à un débit de 141 litres par contact et par heure.

D'après M. Bainville, l'air sortant de cette machine contiendrait 2,5 °/₀ environ de composés oxygénés de l'azote capables de donner naissance à de l'acide nitrique pur.

Si l'on suppose tout le bioxyde d'azote transformé en acide nitrique, l'énergie électrique absorbée correspond à 44 kilowatts-heure par kilogramme d'acide, ce qui représente, dans les conditions avantageuses de l'installation au point de vue de la consommation d'énergie mécanique, une dépense de 8 fr. 30 environ pour 100 kil. d'acide. Ce dernier, absorbé par des solutions de soude ou de potasse au fur et à mesure de sa production, peut être livré au commerce sous forme de nitrates, si c'est dans cet état qu'il doit être utilisé.

De nouvelles recherches ont amené Bradley à adopter un système un peu différent du précédent au point de vue de l'utilisation de l'arc. On sait en effet qu'un arc électrique ordinaire de grande puissance est toujours volumineux et dense et qu'il est difficile de le faire traverser par une quantité d'air proportionnelle à son intensité électrique. C'est pour cette raison qu'un arc produit entre deux tiges cylindriques de charbon ou de métal ne peut être utilisé directement pour l'oxydation de l'azote de l'air : il faut, d'après Bradley, avoir recours à un procédé détourné, permettant de diviser cet arc de grande énergie en une multitude de petits arcs. En arrivant à produire près de 415.000 étincelles dans un appareil de 5 kilowatts environ, on peut oxyder l'azote d'une manière satisfaisante.

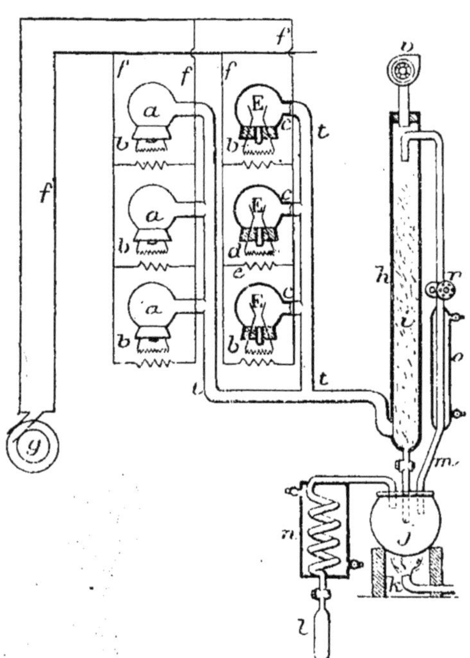

Fig. 11. — Autre appareil de Bradley pour la préparation électrochimique de l'acide nitrique.

D'après Birkeland, il n'en serait pas cependant ainsi, des rendements élevés étant incompatibles avec l'emploi d'étincelles ou d'arcs très faibles : la quantité de chaleur produite dans ce cas est en effet insuffisante pour rendre maximum le volume d'azote oxydé, quels que soient les dispositifs adoptés.

Bradley a imaginé un autre appareil (fig. 11) qui se signale principalement par la disposition des électrodes dans la chambre de réaction. Chaque récipient *a* reçoit deux électrodes E et possède deux ouvertures : l'une *b*, située à sa partie inférieure, pour l'arrivée de l'air, et l'autre *c*, servant à la sortie des gaz nitreux. Le courant électrique est fourni à l'appareil au moyen d'un dynamo *g* et de transformateurs placés sous chaque récipient. Les produits qui prennent naissance dans ces derniers arrivent, à l'aide de tubes *tt*, dans une tour de condensation *h*. Une pluie d'acide sulfurique tombant de *r* dissout les gaz et entraîne le liquide dans une sorte de chaudière *j* chauffée par un foyer spécial *k*. Les gaz évaporés se condensent enfin dans un serpentin *n*, puis se rendent dans un récipient tubulaire *l* où l'on peut facilement les recueillir à l'état liquide.

La figure 12 donne le détail des récipients. Comme on le voit, le transformateur 32 est placé dans un vase spécial 25 et isolé par une couche de ciment 26. L'enroulement secondaire 9 communique avec les deux électrodes 5 et 6 ayant la disposition représentée ici, le courant leur étant amené au moyen des conducteurs 28. La sortie des oxydes d'azote s'effectue par l'ouverture 3 mise en relation avec un tube d'écoulement 4 ayant une forme telle qu'il puisse s'emboîter hermétiquement, en 29, dans le tube 3. L'enroulement primaire 10 du transformateur communique avec la source d'énergie électrique (non visible sur la figure) et tout l'appareil repose sur un bâti en bois 31, dont il est isolé au moyen de supports en verre ou en porcelaine 30. Les récipients à expérience 1 peuvent être en verre. L'arrivée des gaz s'effectue en 2. L'arc jaillit en 7 et, une fois amorcé entre les électrodes 5 et 6, tend à s'élever, soit par l'action de la chaleur seule, soit par celle du courant d'air qui arrive par le bas ; il se trouve ainsi en quelque sorte allongé et interrompu au moment où il arrive à l'extrémité des électrodes. Ces interruptions se produisent à de très courts intervalles. Il faut éviter, autant que possible, la formation des étincelles qui donnent toujours naissance, plus que les arcs, à une production plus ou moins importante d'ozone.

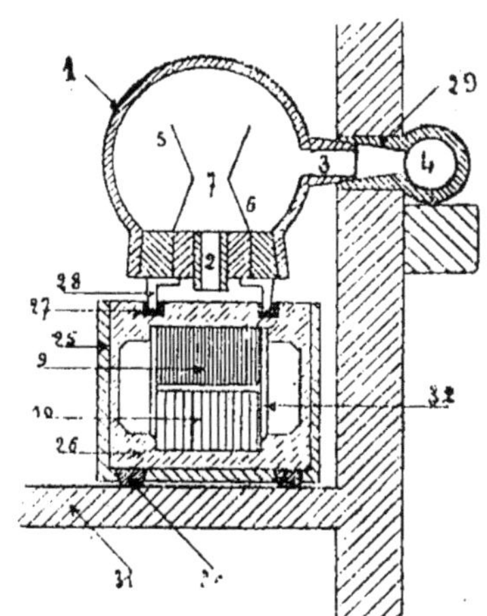

Fig. 12. — Détails d'un récipient de l'appareil de Bradley.

Appareil Kowalski et Moscicki : premier dispositif.

Les premiers essais effectués par Kowalski et Moscicki, dans le but d'obtenir électriquement l'acide nitrique, ont eu comme point de départ la remarque, faite en 1898 par Kowalski, que la quantité d'oxyde d'azote formée par les décharges électriques dans l'air augmente rapidement avec la fréquence du courant alternatif employé. Elle augmente également en raison inverse de l'intensité du courant et en raison directe de la différence de potentiel. Celle-ci doit de plus être assez élevée si l'on veut avoir de longs arcs.

Les réactions qui donnent naissance aux oxydes d'azote se produisent dans un appareil (fig. 13), dans lequel le courant fourni par un alternateur *a* arrive aux bornes d'un transformateur *ps*, puis à des conducteurs *c* et *c'*, entre lesquels sont branchés en parallèle les récipients *r* producteurs de gaz nitreux. Les arcs jaillissent entre les électrodes *e* et *e'* de chacun de ces récipients constitués par des parois de verre et traversés par le courant gazeux. Des condensateurs *d* et des bobines *b*, *b'* et B complètent ce dispositif et facilitent la marche des opérations.

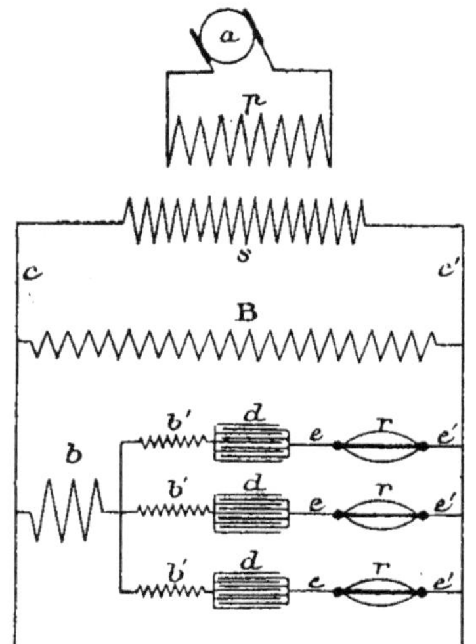

Fig. 13. — Dispositif de Kowalski et Moscicki pour la préparation électrochimique de l'acide nitrique.

Les courants alternatifs employés ont été jusqu'à 75.000 volts dans certains essais et les fréquences jusqu'à 10.000 par seconde. Les électrodes étaient en aluminium et groupées autour d'une tige centrale placée elle-même à l'intérieur d'une tour garnie de pointes de même métal. La décharge oscillatoire était fournie par un courant de 50.000 volts, les condensateurs étant constitués par des tubes de verre mince argentés sur leurs deux faces.

Kowalski et Moscicki ont ainsi obtenu des rendements satisfaisants, soit 43 gr. 5 d'acide nitrique par kilowatt-heure ou 380 kil. par kilowatt-an.

§ II. — Procédés utilisant un arc électrique soumis à l'action d'un champ magnétique.

Appareil Kowalski et Moscicki : deuxième dispositif.

Des essais récents ont démontré que, pour produire de grandes quantités d'acide nitrique, il faut installer un très grand nombre de condensateurs, étant donné qu'on ne peut dépenser dans chaque circuit qu'une énergie relativement faible.

Pour cette raison, Moscicki a essayé un autre procédé qui consiste à utiliser un arc de 3.000 volts mis en rotation continue par un champ magnétique et qui donne de très bons résultats.

L'appareil (fig. 14) se compose d'une électrode cylindrique en cuivre *b*, traversée par un courant d'eau sans cesse renouvelée, qui entre par la partie supérieure et sort en *m*. L'autre électrode *a*, également cylindrique, porte un bourrelet *i* et c'est entre ce bourrelet et la paroi extérieure de l'électrode *b* que s'amorce l'arc servant à produire les composés nitreux. Une fois amorcé, cet arc monte entre les électrodes et il est mis en rotation par un champ magnétique produit par une bobine *h* plongée dans un bain d'huile. Ce dernier a pour but d'assurer l'isolement complet des différentes parties de l'appareil, ainsi que le refroidissement de l'électrode *a*. l'huile étant elle-même maintenue à une basse température au moyen du serpentin à eau *r*. L'arrivée de l'air dans l'espace annulaire compris entre les deux électrodes s'effectue par la partie supérieure de l'appareil *e* ; après avoir été transformé en composés nitrés, cet air s'échappe par une conduite en poterie *g*.

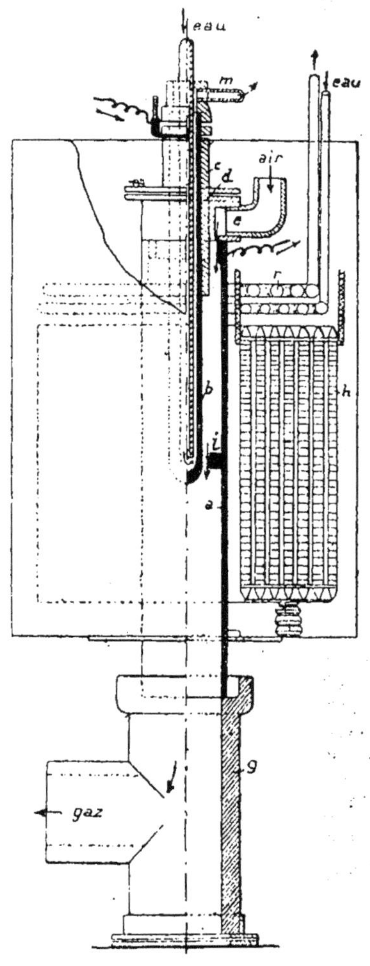

Fig. 14. — Appareil de Moscicki avec emploi d'un champ magnétique.

Il est facile d'observer ce qui se passe dans l'appareil quant à la rotation de l'arc : il suffit pour cela de fermer la partie inférieure de la conduite *g* par une plaque de mica et de disposer au-dessous un miroir incliné à 45°. On peut alors voir l'arc tourner entre les deux électrodes.

D'après M. Blondin, cet appareil permettrait d'obtenir 60 gr. d'acide nitrique par kilowatt-heure, soit 525 kilogr. par kilowatt-an, les dimensions de l'appareil étant calculées à raison d'une puissance de 27 kilowatts environ. Il paraît du reste fort bien conçu pour obtenir un rendement maximum ; en effet, la rotation de l'arc, dont la vitesse peut être facilement réglée en modifiant l'intensité du champ magnétique, permet à l'oxyde azotique formé en un point précis de l'appareil, pendant le fonctionnement de l'arc, d'être rapidement refroidi par le passage de l'air. Ce refroidissement peut du reste être encore accéléré par le mouvement de l'eau dans les électrodes et la constitution métallurgique de ces dernières. Il est même à prévoir que des appareils semblablement constitués, comme disposition, mais ayant des dimensions plus grandes permettraient d'arriver à des rendements encore supérieurs à ceux que nous venons d'indiquer.

Procédé Pauling exploité par la Société « La Nitrogène ».

Le four Pauling, qui est utilisé aujourd'hui industriellement dans plusieurs usines importantes est d'une très grande simplicité. Il consiste, en effet, uniquement en une ossature de briques réfractaires dans laquelle l'arc électrique est soufflé par un courant très puissant arrivant verticalement sur l'arc par la base, direction bas en haut, et par deux autres courants placés obliquement de chaque côté de l'arc, direction bas en haut également. Cette disposition est extrêmement économique comme construction et, au point de vue de l'entretien, elle présente de sérieuses garanties d'économie et de durée.

La Société « La Nitrogène », qui exploite le procédé Pauling, vient d'installer une usine de fabrication qui utilise environ 8.000 chevaux de force. L'énergie nécessaire à cette installation est fournie par une chute d'eau avoisinant l'usine, laquelle est située à La Roche-de-Dame, dans les Hautes-Alpes. La chute d'eau utilisée est celle de la Biaisse, affluent de la rive droite de la Haute-Durance et la fabrique elle-même a été installée à côté de la gare afin de restreindre au minimum les frais de transport.

Le but principal de l'installation actuelle est la production de l'acide nitrique, mais accessoirement, elle pourra servir à la fabrication des nitrites et autres dérivés.

La fabrique comprend 18 fours doubles de 500 chevaux chacun. Sur la photographie ci-jointe (fig. 15), ces fours sont renfermés dans le bâtiment de droite ; le bâtiment de gauche comprend tous les appareils de condensation.

A Innsbrück, le procédé Pauling est également exploité dans une usine de 10.000 kilowatts, usine qui a été créée à côté d'un laboratoire d'essais qui a fonctionné pendant deux ans. Enfin, une troisième usine vient d'être mise en marche à Milan.

Le rendement obtenu dans les installations actuelles est de 70 grammes environ d'acide nitrique par kilowatt-heure d'énergie électrique dépensée.

Fig. 15. — Usine électrochimique de la Société « La Nitrogène » pour la fabrication synthétique de l'acide nitrique, à La Roche-de-Dame (Hautes-Alpes).

Appareils Ferranti.

L'appareil Ferranti, qui est destiné également à la production des oxydes d'azote, utilise aussi un champ magnétique pour la rotation de l'arc. Il permet d'effectuer le refroidissement brusque des gaz combinés et chauds par l'effet d'une détente considérable dans une tuyère, l'étendue de la détente au-dessus ou au-dessous de l'amosphère étant choisie à volonté (1). D'ailleurs les gaz peuvent être maintenus froids en faisant absorber leur énergie cinétique

(1) *La Houille Blanche*, octobre 1908.

au moyen d'un système de roues à grande vitesse ou bien en les mélangeant convenablement avec des fluides absorbant leurs calories.

La fig. 16 représente un des dispositifs adoptés. Les électrodes circulaires *a* et *b* sont disposées concentriquement de façon à laisser un espace annulaire au travers duquel jaillit l'arc. Pour mettre ce dernier en rotation, on utilise un enroulement convenable *c*, entourant de préférence l'électrode interne *a*, de façon à laisser un passage ininterrompu pour que l'air, pénétrant sous pression par l'orifice d'admission *d*, puisse traverser facilement l'arc. Le refroidissement des électrodes est obtenu au moyen d'une circulation d'eau arrivant en *e*. La chambre à arc proprement dite *h* est construite en matière réfractaire ; une tuyère *i* sert à l'évacuation des gaz après leur transformation.

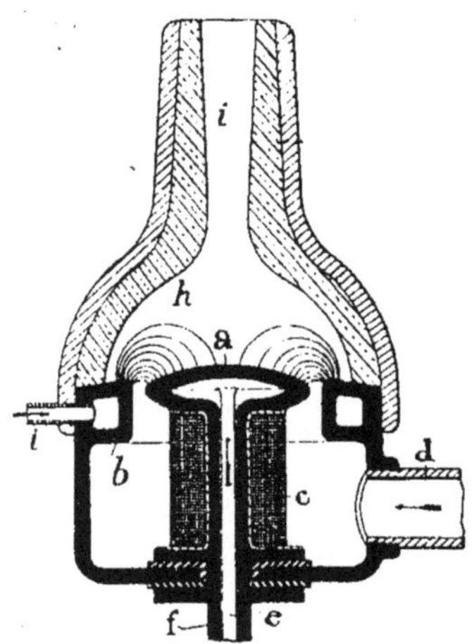

Fig. 16. — Appareil Ferranti.

La fig. 17 représente un dispositif légèrement différent du précédent. L'arc est ici discontinu, c'est-à-dire qu'il ne s'étend que sur une petite partie de l'intervalle d'air annulaire compris entre les électrodes *a* et *b* bien qu'il soit mis en rotation, comme précédemment, par l'enroulement *c*. Avec cette disposition, il n'y a qu'une petite quantité de gaz qui soit portée à une température élevée dans l'arc ; la partie principale de l'alimentation d'air passe en effet, à travers l'espace annulaire où il ne se produit pas d'arc, dans la chambre de refroidissement *k* où les gaz combinés provenant de l'arc rencontrent cet air et sont partiellement refroidis.

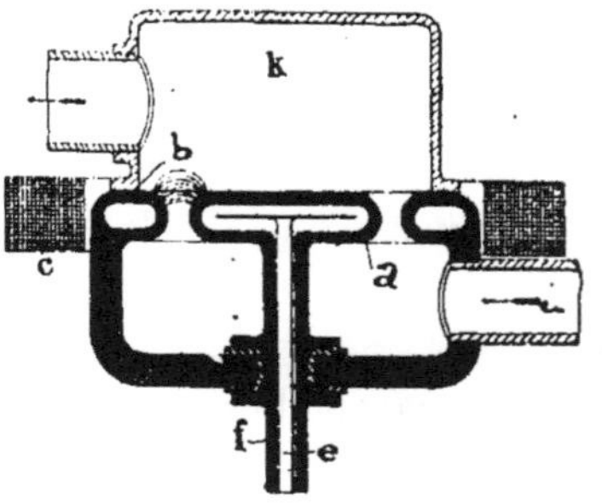

Fig. 17. — Appareil Ferranti : autre disposition.

Le courant fourni à l'appareil peut être continu ou alternatif ; mais, quand on emploie du courant alternatif, il faut adopter un système permettant de mettre l'arc et le champ en phase.

Pratiquement, l'air qu'on doit transformer en oxydes d'azote passe d'abord dans un turbo-compresseur à effets multiples et pourvu de refroidisseurs intermédiaires; après compression, il pénètre ensuite dans la chambre à arc. Les gaz formés et chauffés au contact de la flamme électrique sont d'abord refroidis par détente dans la tuyère *i* (fig. 16), la vitesse ainsi créée étant absorbée par un système de roue simple ou multiple. Les gaz d'échappement passent ensuite dans un réservoir à vide relié lui-même à une pompe à vide. Il est important que la combustion soit complète avant que la détente commence dans la tuyère de façon à obtenir un effet refroidisseur maximum.

Procédé et appareil Limb et Louis.

Dans le procédé imaginé par Limb et Louis (1), on a surtout cherché à obtenir une grande *stabilité* de l'arc, celui-ci étant maintenu en équilibre par l'action combinée de deux forces répulsives, et à réaliser ainsi une *continuité* aussi grande que possible de cet arc.

Pour cela, on utilise l'action de deux champs magnétiques AB et CD (fig. 18 et 19), disposés de façon à maintenir l'arc α dans une position déterminée. Ces champs magnétiques sont produits par des solénoïdes ou des électro-aimants à noyau feuilleté, excités par un courant alternatif proportionnel au courant qui alimente l'arc et, autant que possible, en phase avec ce courant.

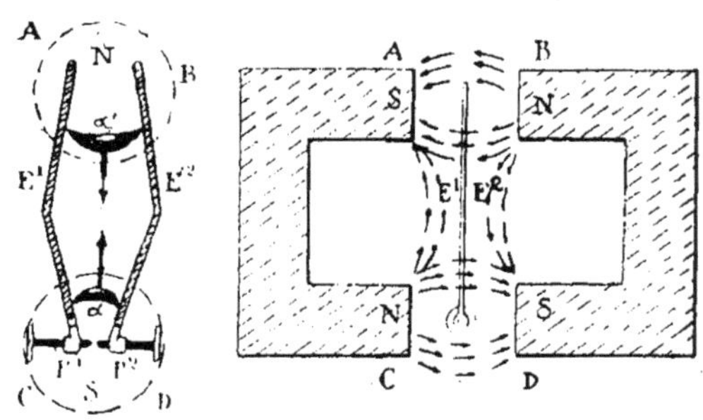

Fig. 18 et 19. — Appareil Limb et Louis : détails techniques.

L'arc est amorcé entre les deux pointes d'électrodes P^1 et P^2 réglées à la distance voulue par un mouvement à vis. Les connexions sont établies de telle sorte que, sitôt amorcé, l'arc α soit violemment repoussé vers le haut par les effets additionnés de l'action électro-magnétique du champ CD et du courant d'air chaud créé par le fonctionnement de l'arc lui-même. Cet arc s'allonge alors peu à peu jusqu'aux points E^1 et E^2, mais, lorsqu'il pénètre dans le champ magnétique inverse créé par les pôles A et B, il tend à

(1) Brevet français, n° 379. 427, 8 septembre 1906.

être repoussé vers le bas. Il s'établit alors un équilibre entre la force ascensionnelle et l'effort antagoniste qui tend à l'abaisser. Or, comme les branches de la lyre formée par les électrodes E^1 et E^2 tendent à se rapprocher à leur partie supérieure, le mouvement ascensionnel de l'arc a pour résultat d'accroître l'effort antagoniste, cet effort croissant avec l'intensité du courant qui alimente l'arc. Ce dernier reste ainsi constamment en équilibre.

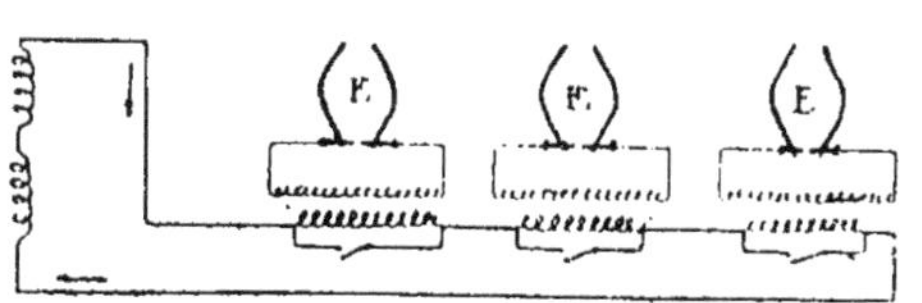

Fig. 20. — Electro-nitrificateurs disposés en série dans le procédé Limb et Louis.

Pratiquement, l'écartement des pointes P^1 et P^2 ne dépasse jamais quelques millimètres, tandis que l'écartement supérieur peut atteindre, suivant la puissance employée, de quelques centimètres jusqu'à 1 mètre et plus au besoin.

Comme le montre la fig. 20, on peut installer plusieurs électro-nitrificateurs E ainsi disposés aux bornes de transformateurs dont les circuits primaires sont branchés en série sur un réseau alimenté par une génératrice. On peut également, comme le montre la fig. 21, faire usage d'un dispositif de rotation réalisant des rapprochements et des écartements successifs par rapport à des contacts fixes. Il est alors possible, si on le désire, d'employer un fil de retour commun.

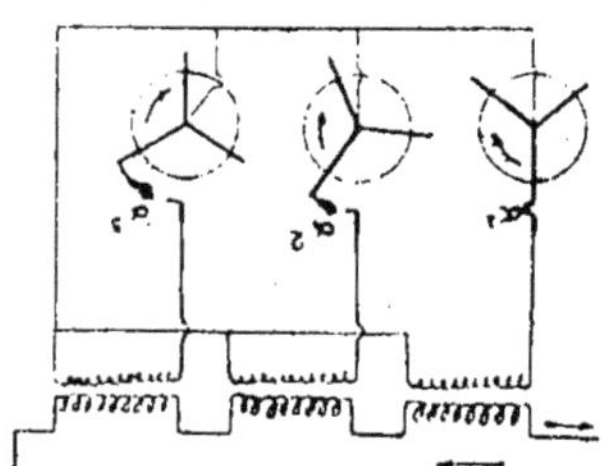

Fig. 21. — Dispositif de rotation des arcs dans le procédé Limb et Louis.

Procédé Brisset et Muguet.

Le procédé Brisset et Muguet utilise un arc électrique mobile verticalement de bas en haut et soumis, pendant son mouvement ascensionnel, au flux d'un aimant qui le suit, quelle que soit sa position dans la chambre de réaction. L'appareil comprend une tour A (fig. 22) de forme rectangulaire et très étroite, de façon à laisser le moins de place possible entre l'arc et les parois intérieures du four ; toute la masse gazeuse se trouve ainsi soumise à l'influence de l'arc. Quelques-unes des briques formant l'épaisseur de la paroi du four possèdent, de distance en distance, des nervures en saillie sur l'intérieur, ce qui entraîne un brassage énergique des gaz tout en les obligeant à revenir sur l'arc.

Les électrodes E sont montées sur des isolateurs et disposées à la partie inférieure du four. Elles sont, en outre, munies d'un *amplificateur-conducteur* c (fig. 23), constitué par des branches servant de prolongement vertical aux électrodes. Ces dernières peuvent être entièrement creuses, en *e*, de façon à jouer le rôle de condenseur. Les branches de l'amplificateur ont une très grande longueur ce qui leur permet de conduire l'arc presque jusqu'à la partie supérieure de l'appareil. Cette disposition permet en outre de réaliser un espace minimum entre les parois intérieures de la tour et l'arc.

Un élément important de l'appareil est un fort aimant *a* dont les sabots *m* embrassent la partie la plus étroite de la tour. Ces sabots sont munis de talons, de manière à donner une grande concentration des lignes de force en un point donné de la chambre de chauffe; il en résulte un soufflage énergique de l'arc en avant des sabots. Ces derniers sont en outre munis d'antennes *b* se prolongeant jusqu'à la partie supérieure de l'appareil; mais, afin d'avoir un écrasement régulier de l'arc au point où celui-ci ne doit plus subsister ces antennes se ramifient en *f* et produisent ainsi la fermeture de la tour par l'arc lui-même; cette disposition oblige les gaz à traverser la zone de l'arc avant de sortir de la tour.

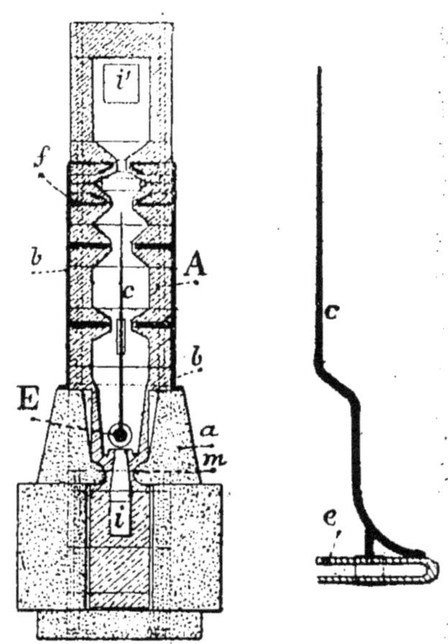

Fig. 22 et 23. — Appareil Brisset et Muguet : *e c*, amplificateur-conducteur.

Quant au mouvement des gaz, il s'effectue de bas en haut : l'air extérieur ou un mélange d'air et d'oxygène pénètre dans le four par la partie inférieure *i*, un peu au-dessous de l'arc, et de là monte verticalement, léché continuellement par la flamme électrique qui l'oxyde et le transforme en composés nitreux.

Ce procédé permet d'utiliser aussi bien le courant à haute tension provenant d'un transformateur que celui d'une dynamo. Il permet également de produire une réaction pyrochimique très intense, l'arc formant un long rideau lumineux de 0 m. 80 à 1 m. environ de hauteur. Une fois oxydés, les gaz sortent de l'appareil par une ouverture *i'* placée à sa partie supérieure et qui les conduit dans des récipients où ils peuvent être condensés et absorbés.

§ III. — Dispositifs divers.

Procédé Schönherr.

Le Dr Schönherr a imaginé un procédé qui permet d'obtenir artificiellement du nitrate de calcium en partant de l'air atmosphérique et qui se rapproche de celui de Birkeland-Eyde que nous décrivons dans le chapitre suivant. Pour cela, on fait naître un arc électrique dans un tube cylindrique vertical, entre une électrode disposée au fond de ce cylindre et sa paroi latérale. L'arc produit se développe le long de cette paroi grâce à un courant d'air qui parcourt, en spirale, le tube en question. Quelques instants après qu'on a lancé le courant dans l'axe du tube, une flamme ayant la forme d'une colonne verticale prend naissance au milieu du tourbillon d'air qui l'enveloppe de tous côtés. Cette flamme se prolonge jusqu'à la partie supérieure de l'appareil. La très haute température qui règne dans le four permet ainsi aux éléments de l'air d'entrer en combinaison et de donner naissance à de l'oxyde d'azote.

On a installé à Christiansand, en Norvège, trois fours électriques destinés à l'application de ce procédé qui permet, avec un outillage très simple, d'obtenir des rendements très élevés en composés nitrés. Dans chaque four, la colonne de flamme n'a pas moins de 5 mètres de hauteur ; la consommation d'énergie est de 600 chevaux environ. Pour la production des arcs, on utilise un courant alternatif dont la tension est de plusieurs milliers de volts. D'importantes usines devant disposer d'une puissance de 120.000 chevaux environ sont actuellement en construction en Norvège pour l'exploitation de ce procédé.

Procédé Haber et Kœnig.

Dans l'exposé des principales hypothèses formulées au sujet du rôle de l'électricité dans la formation électrochimique de l'acide nitrique (v. p. 22 et suivantes), nous avons fait remarquer que la plupart des théories s'accordent à regarder surtout l'action électrique comme source de chaleur. Le professeur. G. Morden, de l'Université de Toronto (Canada), a cependant montré qu'il pouvait y avoir, dans certain cas, prédominance de l'effet électrique simple, par exemple lorsqu'on emploie un arc de courant direct à basse tension.

D'après Haber et Kœnig, les décharges électriques peuvent très bien être utilisées comme moyen d'arriver, dans le mélange des gaz générateurs, à un degré de concentration des oxydes d'azote supérieur à celui correspondant au simple équilibre thermique à cette température (1). On peut ainsi obtenir une concentration de 14,5 °/₀ vers 2.200° température à laquelle la dissociation de l'oxyde d'azote ne se fait que lentement. Haber et Kœnig ont réalisé ces expériences en employant un arc de haute tension et en agissant sous une faible pression et avec refroidissement.

Procédé Hausser.

La température de la combustion dans les moteurs à gaz, à la fin de l'allumage, étant très élevée à l'intérieur des cylindres, on conçoit que sous une forme ou sous une autre elle puisse être utilisée en adoptant des dispositifs spéciaux, pour la production de combinaisons endothermiques. M. Hausser a eu l'idée de l'appliquer à la préparation des composés nitreux oxygénés en évitant un refroidissement progressif des gaz pendant la détente, un passage rapide d'une température très élevée à une température très basse étant nécessaire pour éviter la décomposition des produits fabriqués. Le refroidissement subit des gaz dans le cylindre s'obtient par une pulvérisation d'eau à la fin de l'allumage ; la température passe ainsi presque instantanément de 2.000° à 1.500° et l'on peut recueillir, dans ces conditions, une proportion de 1.65 °/₀ environ d'acide nitreux. Ainsi, un mètre cube de gaz serait capable de donner naissance à 40 gr. d'acide nitrique.

On n'a pas à craindre, dans cette application inattendue des moteurs à gaz, la détérioration des cylindres par une formation importante d'acide, la température des moteurs étant toujours supérieure à 120°, point de dissociation de l'acide nitrique ; mais, naturellement, la préparation des composés nitrés à l'aide de cette méthode entraîne une petite perte dans la puissance mécanique du

(1) *Zeitschrift für Elektrochemie,* 9 octobre 1908.

moteur à gaz. D'après M. Hausser, chaque mètre cube de gaz refroidi soustrairait au moteur environ 0,055 cheval-heure de travail.

Ce procédé, bien que très intéressant au point de vue théorique, n'a pas encore été appliqué industriellement. Il demanderait du reste, avant d'être mis en pratique, à être étudié en détails au point de vue des dispositifs à adopter en vue d'arriver à de meilleurs rendements.

CHAPITRE IV

DESCRIPTION DU PROCÉDÉ BIRKELAND-EYDE ET APPLICATIONS DES NITRATES ÉLECTROCHIMIQUES.

§ I. — Considérations techniques. — Principe des appareils employés.

Généralités.

Le procédé Birkeland-Eyde, qui est le mieux conçu parmi ceux qui ont été imaginés jusqu'ici pour la préparation artificielle de l'acide nitrique et qui a reçu des applications importantes, consiste à utiliser l'action de l'arc électrique pour la production de réactions chimiques déterminées mais en limitant son rôle de telle façon qu'aucune réaction secondaire ne vienne à l'encontre des produits déjà formés. Les phénomènes qui se passent dans l'application de ce procédé ayant été très peu éclaircis jusqu'à ce jour, nous croyons utile, pour en faciliter la compréhension, d'insister un peu sur le principe théorique de la méthode en question.

Si l'on dispose deux électrodes de cuivre terminées en pointe aux bornes d'un alternateur à haute tension, de manière qu'elles soient disposées suivant l'équateur c'est-à-dire perpendiculairement à la ligne des pôles d'un fort électro-aimant, les extrémités des électrodes étant bien au milieu du champ magnétique, on peut observer facilement la production d'une flamme due à l'électricité et qui prend nettement la forme d'un disque, au lieu de posséder celle d'un cylindre ou d'un cône renversé comme cela a lieu généralement dans le phénomène de l'arc électrique ordinaire.

Disques lumineux produits par l'arc électrique dans des conditions déterminées.

Le Pr. Birkeland a été conduit à la remarque précédente à la suite d'une expérience dans laquelle il employait un courant continu de 40 ampères sous 600 volts : un contact s'établit accidentellement avec les pièces métalliques voisines de l'appareil et, au point de contact, il se forma un arc ayant acquis par l'action du champ magnétique très intense développé de cette façon la forme d'un demi-disque (fig. 24) d'environ 10 centimètres de diamètre et se manifestant avec un son intense.

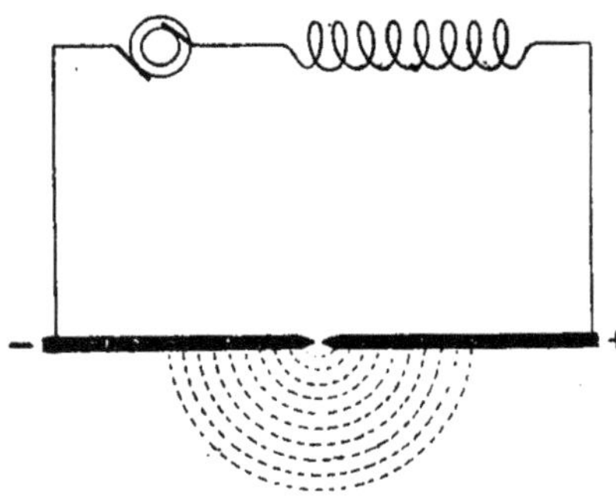

Fig. 24. — Demi-disque lumineux produit par un courant continu.

C'est alors que Birkeland, après s'être rendu compte de ce qui avait dû se passer dans ce phénomène et pour l'étudier de plus près, utilisa un courant de 2 ampères sous une tension de 3.000 volts, les électrodes de l'arc étant placées équatorialement entre les deux pôles d'un électro-aimant ; la distance qui les séparait était toujours maintenue égale à 2 millimètres. La même expérience, répétée à Genève en présence de nombreux physiciens et à l'aide d'une puissante dynamo Thury, donna des résultats toujours comparables et, comme précédemment, le sifflement de l'arc était tel qu'il devenait presque intolérable et assourdissant.

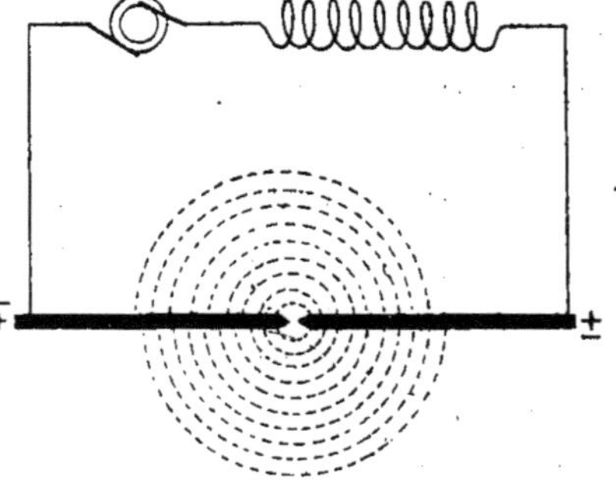

Fig. 25. — Disque lumineux complet produit par un courant alternatif.

Si, au lieu de courant continu, on emploie pour cette expérience un courant alternatif à haute tension, on obtient une flamme mince et de dimensions comparables à la première (fig. 25), mais formant un disque plus complet.

La flamme de cet arc a pu être photographiée (fig. 26). Elle est généralement obtenue au moyen d'électrodes constituées par un tube

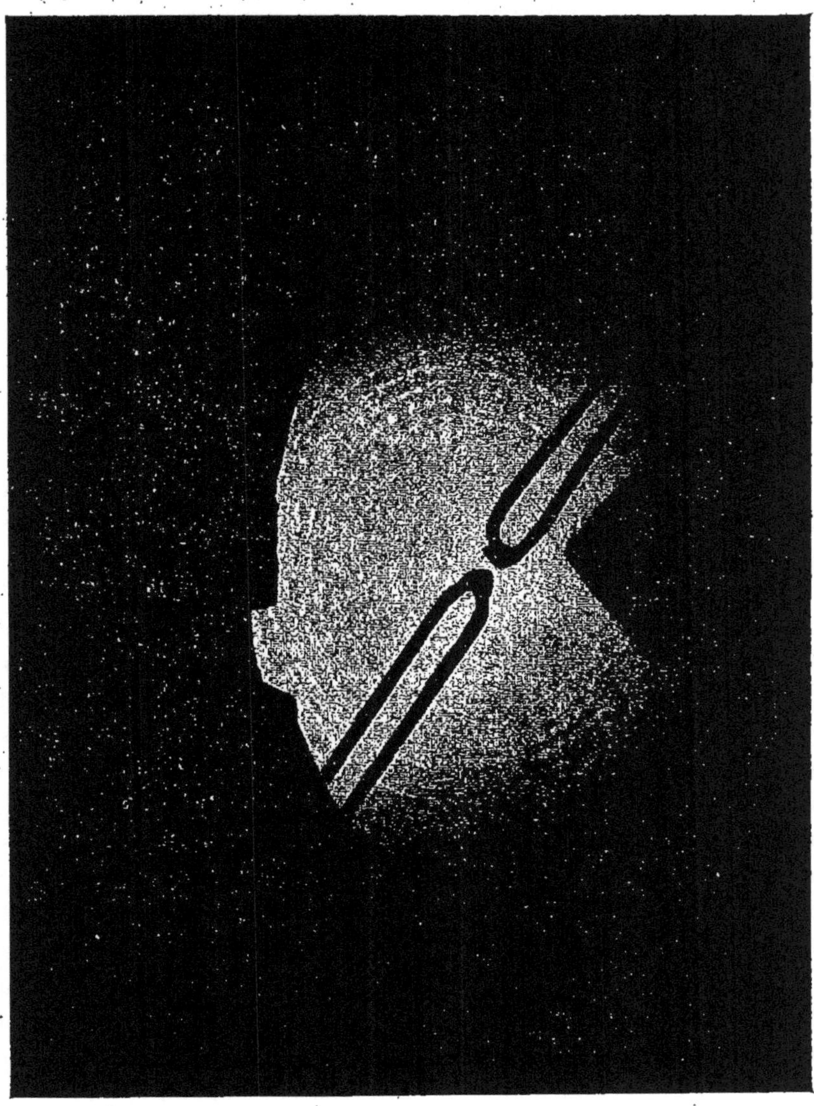

Fig. 26. — Photographie d'un disque lumineux produit au moyen d'électrodes creuses de cuivre (procédé Birkeland-Eyde).

de cuivre de 15 millimètres de diamètre environ et refroidies intérieurement par une circulation d'eau. La tension électrique employée était de 5.000 volts alternatifs dans les expériences de Birkeland, le nombre de périodes par seconde étant de 50 ; les extrémités des électrodes étaient placées à une distance fixe d'environ 8 millimètres l'une de l'autre.

Le refroidissement de ces dernières au moyen de l'eau absorbe, sous forme de chaleur, une certaine quantité de l'énergie électrique fournie à l'appareil ; la perte correspondante peut être évaluée à 7,5 % environ de l'énergie consommée par l'arc.

Explication de la formation de ces disques.

M. Birkeland explique la formation de ces disques lumineux de la façon suivante :

Dès que le courant électrique se manifeste, il naît aux extrémités des électrodes assez rapprochées l'une de l'autre un arc très court qui constitue pour ce courant un conducteur facile à déplacer et à étirer dans un champ magnétique intense et étendu, puisqu'il comprend vers le centre près de 4.500 lignes de force par centimètre carré. Une fois formé, l'arc se déplace alors dans une direction perpendiculaire aux lignes de force, d'abord très rapidement, puis avec une vitesse moindre jusqu'à ce que les extrémités des électrodes éloignent l'arc. La longueur de l'arc augmentant, sa résistance grandit aussi, de telle sorte que la tension monte jusqu'à suffire à la formation d'un nouvel arc sur les extrémités des électrodes. La résistance de ce petit arc est très faible et la tension entre les électrodes baisse instantanément, tandis que l'arc allongé se trouve éteint.

Lorsqu'on se sert pour réaliser ces phénomènes d'un courant alternatif, tous les arcs qui ont une direction positive à un instant donné passent dans un sens, tandis que tous les arcs qui ont une direction négative, au même instant, passent dans l'autre : c'est pour cette raison que le phénomène se manifeste toujours dans ce cas, à l'œil, sous forme d'un disque lumineux et complet, alors qu'avec le courant continu on ne perçoit qu'un demi-disque.

Pour se rendre compte de la cause du bruit intense dû à la combustion de la flamme, il suffit d'employer un oscillographe qui permet d'obtenir très facilement la courbe de tension des électrodes et celle du courant. Les deux courbes dessinées (fig. 27) représentent la différence de potentiel aux bornes des électrodes ; celle qui est dentelée, *b*, a été obtenue avec la flamme discoïde en marche, tandis que celle qui possède une forme sinusoïdale assez régulière, *a*, représente la tension une fois que les électrodes ont été suffisamment écartées l'une de l'autre pour éteindre la flamme. Avec les flammes de grande surface et à combustion, il n'y a, en règle générale et comme le montre la figure 28, qu'un seul arc chaque fois que le courant change de sens. Sur cette figure, la courbe à pointes très aigues *d* représente la variation de tension, tandis que la courbe *c* est relative au courant.

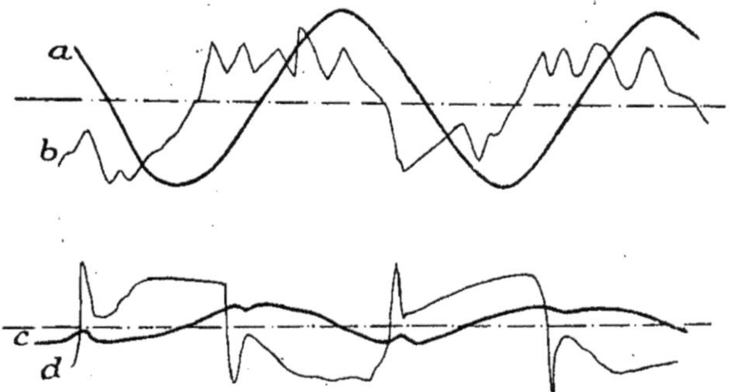

Fig. 27 et 28. — Courbes relatives au fonctionnement de l'arc dans le procédé Birkeland-Eyde.

En somme, lorsqu'on emploie un courant alternatif pour la production de l'arc, l'électro-aimant étant, bien entendu, toujours alimenté par du courant continu, on obtient un disque complet, stable homogène et très éclairant.

§ II. — Description du four Birkeland-Eyde. Usine de Notodden.

Constitution du four Birkeland-Eyde.

Nous arrivons ainsi à la description du four Birkeland-Eyde qui est l'élément fondamental de la fabrication électrochimique de l'acide nitrique. Ce four, d'une forme nouvelle et très ingénieuse, se compose de matériaux réfractaires capables de résister à la haute température qui règne dans la chambre à feu et, extérieurement, il est enveloppé d'une armature métallique.

Fig. 29. — Vue d'ensemble d'un des premiers fours à oxydes d'azote du procédé Birkeland-Eyde.

Le premier appareil construit se composait d'une chambre étroite (fig. 29 à 32) placée au centre et dans une direction perpendiculaire à celle des lignes de force d'un système d'aimants composé de deux puissants électro-aimants ayant leurs pôles tournés en dedans, vers la partie centrale de l'appareil et dans l'axe même de la chambre à feu. L'arc électrique était produit avec une seule paire d'électrodes refroidies intérieurement par une circulation d'eau, ainsi qu'il a été dit précédemment. Au moyen d'une quantité d'énergie égale à 1.000 chevaux environ, on peut facilement obtenir des flammes ayant 1 m. 80 de diamètre. L'appareil possède une hauteur de 2 mètres environ, mais l'espace central où se produit la flamme électrique n'a que 80 millimètres de largeur.

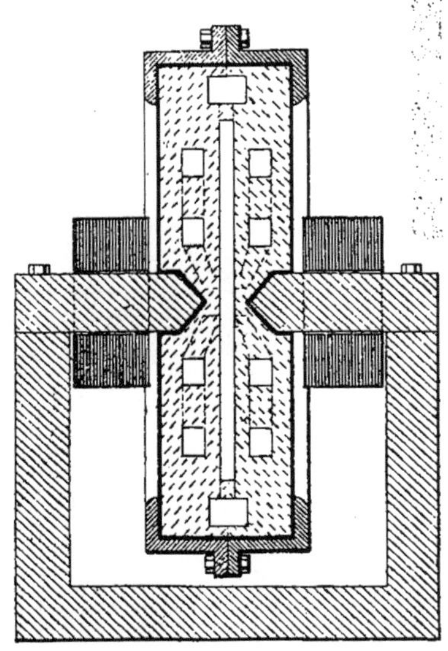

Fig. 30. — Coupe verticale schématique du four Birkeland-Eyde.

Le premier four de ce genre avait été construit pour absorber une énergie de 5 chvx. environ ; il a été essayé en 1903 à la fabrique de Frognerkilleus, à Christiania. L'air y pénètre par les électrodes et il est lancé dans l'appareil avec une vitesse de 150 litres à la minute ; il sort ensuite du four par des conduites amenant les produits d'oxydation dans des tours destinées à les transformer en acide nitrique et finalement en nitrates.

Les fours de grande puissance utilisés au début à l'usine de Notodden ont subi différents perfectionnements, ainsi qu'on peut en juger par la différence qui existe entre leur mode de construction et l'agencement de leurs pièces. L'air destiné à alimenter la flamme pénètre dans l'appareil par les parois latérales de la chambre centrale et les deux électro-aimants qui donnent naissance au champ magnétique ont leurs pôles dirigés de chaque côté de la chambre à flamme en laissant libre entre eux un espace de 10 centimètres environ. Les gaz nitrés d'oxydation qui prennent naissance dans l'appareil s'échappent par une conduite disposée à cet effet et protégée, dans son parcours à travers la chambre centrale, par des

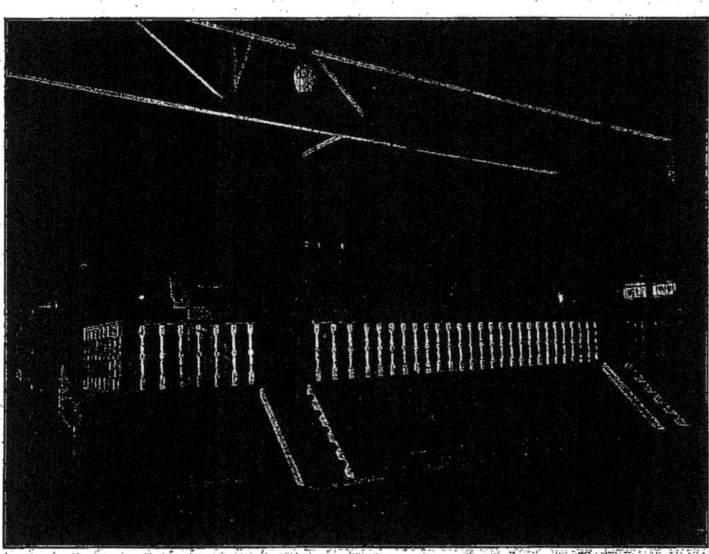

Fig. 34. — Vue de la première salle des fours électriques de l'usine de Notodden.

parois réfractaires afin d'être soustraite à la haute température qui y règne.

Le degré de stabilité de ce four est remarquable ; aussi peut-il être utilisé pendant toute une année sans qu'aucun réglage soit nécessaire si sa construction a été soigneusement surveillée. Maintenu en marche avec une flamme produite par une puissance de 300 kilowatts environ, il n'exige qu'un entretien et des réparations très simples, le garnissage réfractaire ne demandant à être renouvelé que tous les cinq mois environ et les électrodes toutes les trois ou quatre semaines.

L'usine de Notodden (fig. 33), qui a pour but de fabriquer industriellement l'acide nitrique et les nitrates d'après le procédé Birkeland-Eyde, se compose actuellement d'une série de bâtiments situés sur le prolongement l'un de l'autre et comprenant : le bâtiment des fours avoisinant celui des tours d'oxydation, le bâtiment des tours d'absorption, où l'acide se condense, le bâtiment de fabrication du nitrate de chaux et enfin le magasin destiné à l'emballage et à l'expédition des produits fabriqués. Une voie ferrée de faible largeur met en communication les différentes parties de l'usine et se prolonge jusqu'à un petit port où les produits sont embarqués pour les différents points des côtes de Norvège et les autres régions du continent.

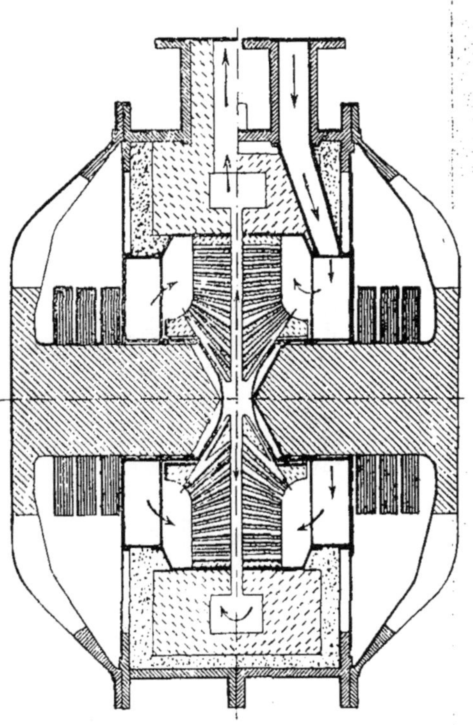

Fig. 32. — Coupe montrant la marche des gaz dans le four Birkeland-Eyde.

Quant à la force électrique nécessaire au fonctionnement des fours et autres appareils de l'usine de Notodden, elle est fournie par l'usine hydro-électrique de Svælgfos (fig. 34) capable de produire une puissance de 40.000 chevaux. D'après M. de la Vallée Poussin, cette usine fonctionne depuis près d'une année et elle serait,

Fig. 33. — Vue générale de Notodden et des usines qui fabriquent l'acide nitrique d'après le procédé Birkeland-Eyde.

à l'heure actuelle, la station hydro-électrique la plus importante du monde. Elle comprend 4 turbines de 11.500 chevaux actionnant par accouplement direct 4 alternateurs de 10.000 chevaux chacun. Ces derniers, qui sont disposés dans une même salle (fig. 35), fournissent du courant à 10.000 volts à l'usine de Notodden distante de celle de Svælgfos de 5 kilomètres environ.

Fig. 34. — Usine hydro-électrique de Svælgfos qui alimente l'usine électrochimique de Notodden.

La salle des appareils producteurs d'oxydes d'azote comprend actuellement 32 fours électriques (fig. 36), dont 27 fonctionnent à la fois; les 5 autres constituent des appareils de rechange lorsque a lieu un chômage momentané des premiers. Cette salle possède une longueur de 37 mètres et une grande hauteur. Le mouvement de l'air entre les électrodes produit un ronflement des plus curieux. Huit ventilateurs placés dans les sous-sols envoient l'air dans les fours avec une vitesse régulière mais qu'il est facile d'augmenter ou de diminuer suivant la marche à imprimer aux fours. Chaque appareil possède une puissance moyenne de 740 kilowatts. Cette puissance peut aller jusqu'à 1.000 kilowatts en temps de crue de la force hydraulique.

Traitement des gaz nitrés à leur sortie du four électrique.

Le four Birkeland, tel qu'il est construit, donne simplement de l'oxyde azotique. Or, comme nous le savons, l'oxydation de l'azote à haute température est une réaction réversible. Il faut donc, pour obtenir un rendement maximum, que le four laisse sortir les gaz renfermant les vapeurs nitreuses à une température très inférieure

Fig. 35. — Salle des machines de l'usine hydro-électrique de Svælgfos.

à celle qui correspond à leur formation (1). Pour cela, à la sortie des fours, les gaz passent d'abord dans des chaudières tubulaires (dont la vapeur est utilisée dans l'usine), qui abaissent leur température vers 250° ou 300°. On les dirige ensuite dans des réfrigérants spéciaux en aluminium où leur température tombe à 50° environ.

Tours d'oxydation et d'absorption.

Cette première opération effectuée, il faut transformer l'oxyde azotique en peroxyde d'azote, d'après la réaction :

$$AzO + O = AzO^2.$$

Cette réaction s'effectue dans des tours dites *tours d'oxydation* où les gaz séjournent quelque temps. Ils sont ensuite dirigés vers les *tours d'absorption* (fig. 37), destinées à transformer le peroxyde d'azote en acide nitrique, d'après l'équation chimique suivante :

$$2AzO^2 + H^2O = AzO^3H + AzO^2H.$$

Les tours d'absorption, construites en granit, ont une forme prismatique et une section de 4 mètres carrés environ ; leur hauteur est voisine de 10 mètres. Elles possèdent ainsi une capacité de 40 mètres cubes et sont remplies de fragments de quartz de moyenne grosseur jusqu'aux deux tiers de leur hauteur. Comme dans tous les appareils de ce genre, les vapeurs acides et l'eau circulent en sens inverse ; cette dernière, qui humecte continuellement le quartz, se charge de plus en plus de vapeurs acides.

Comme l'acide nitrique seul est intéressant, on utilise, pour la destruction de l'acide nitreux AzO^2H qui prend naissance en même temps que lui, la réaction suivante :

$$2AzO^2H = AzO^2 + AzO + H^2O.$$

Cette décomposition s'effectue au cours de la même opération, de sorte que les oxydes d'azote ayant ainsi pris naissance peuvent se transformer à leur tour en acide nitrique ; la même série de transformations, de combinaisons et de décompositions se reproduit ainsi continuellement. Des monte-jus automatiques assurent à ces différentes opérations toute la régularité possible.

Une fois arrivés à la sortie de la dernière tour de granit, les gaz nitreux ont abandonné à l'eau près de 80 % des oxydes d'azote

(1) L. DE LA VALLÉE POUSSIN, Le Nitrate de Norvège et sa fabrication. — Paris, 1908.

qu'ils renfermaient. Pour ne pas laisser perdre les 20 % qui restent, on leur fait traverser deux dernières tours en bois, arrosées par une dissolution de carbonate de soude. Cette portion d'oxyde d'azote n'est pas utilisée pour la concentration de l'acide nitrique, celui-ci étant suffisamment saturé pour la fabrication du nitrate de chaux, mais le nitrite de soude auquel elle donne naissance pourra être utilisé lui-même, ainsi que nous le verrons plus loin.

Finalement, les gaz qui s'échappent de la dernière tour en bois ne renferment plus que 3 à 5 % de l'azote oxydé initial. Cette perte est insignifiante.

Acide nitrique concentré à 98 %. — Tours de concentration.

L'acide nitrique concentré ayant commercialement une valeur beaucoup plus grande que l'acide ordinaire par unité d'azote, on a cherché à l'obtenir industriellement avec le minimum de frais. Une série de recherches et d'expériences méthodiques ont montré que la chose était parfaitement possible et sans l'emploi de combustible étranger à l'installation déjà existante. On se sert pour cela de la chaleur abandonnée par les gaz nitrés eux-mêmes au sortir du four électrique et on leur fait parcourir une sorte de circuit qui permet d'utiliser leurs calories d'une façon à la fois pratique et économique.

Cette opération de concentration de l'acide nitrique faible (à 36 % environ d'acide nitrique en poids), comprend deux phases principales : la phase de première concentration qui fait monter de 36 à 60 % environ la teneur de l'acide en produit pur et la phase de deuxième concentration qui élève cette teneur jusqu'à 95 et 98 % en acide nitrique pur.

La première phase de l'opération est effectuée par contact direct des gaz chauds avec l'acide faible, dans des *tours de concentration* où une partie de l'eau contenue dans l'acide s'évapore. Cette eau est entraînée au dehors des tours par les gaz eux-mêmes et avec un peu d'acide. Mais les pertes sont insignifiantes, car ce mélange de gaz nitrés, d'acide et d'eau entre à nouveau dans le système d'absorption où il est condensé et où il remplace une partie de l'eau dont les tours sont arrosées.

D'après M. Ragnar Sohlman, de qui nous tenons ces renseignements, l'abaissement de la température des gaz chauds pendant cette première phase de concentration, serait de 35° à 50° environ.

Fig. 36. — Salle des fours électriques actuellement utilisés à l'usine de Notodden.

La deuxième phase de concentration s'effectue en mélangeant l'acide nitrique à 60 °/₀ à 2 fois à peu près son poids d'acide sulfurique à 92 °/₀, procédé qui est déjà employé, comme on le sait, dans l'industrie pour absorber l'eau de certaines liqueurs faibles. Ce mélange est introduit dans une autre tour chauffée extérieurement par les gaz du four. On recueille alors d'une manière qui peut être continue, suivant les dispositifs adoptés, un acide nitrique très fort et d'une très grande pureté : il titre en effet jusqu'à 98 °/₀ d'acide pur avec une teneur en gaz nitreux de 0,06 °/₀ seulement. Quant à l'acide sulfurique qui a absorbé l'eau du mélange, il s'écoule de la base de la tour et ne titre plus que de 77 à 80 °/₀ ; on peut cependant le concentrer de nouveau à sa teneur initiale de 92 °/₀ dans des appareils spéciaux, en utilisant encore cette fois la chaleur dégagée par les gaz des fours.

En pratique, les échanges de température entre les gaz à refroidir et les liquides à échauffer s'effectuent dans un ordre apparemment inverse à celui que nous venons d'indiquer, la température la plus élevée, c'est-à-dire celle qui provient des gaz à leur sortie directe des appareils de production, étant utilisée pour la concentration de l'acide sulfurique.

En somme, la chaleur des gaz sortant des fours électriques est employée dans trois phases successives :

1° Dans la concentration de l'acide sulfurique de 77 °/₀ à 92 °/₀. Pendant cette opération, leur température s'abaisse de 800° à 500° environ ;

2° Dans la distillation du mélange d'acide nitrique à 60 °/₀ et d'acide sulfurique à 92 °/₀ ; l'abaissement de température a lieu de 500° à 350° environ ;

3° Dans la concentration de l'acide nitrique de 35 °/₀ à 60 °/₀ par contact direct des gaz ; l'abaissement de température a lieu de 350° à 50°.

Comme on le voit, l'utilisation de la chaleur fournie ainsi gratuitement par les gaz nitrés est très complète. Il y a lieu cependant de se demander si elle est suffisante comme quantité pour mener à terme la concentration de la plus grande partie de l'acide fabriqué et provenant des tours d'absorption. Les expériences effectuées pendant plus d'une année sur une grande échelle eut démontré que la totalité de l'acide nitrique pouvait en effet être amenée à concentration, dans certains cas, par l'application des procédés ci-dessus. En pratique, on admet que les deux tiers de l'acide pro-

Fig. 37. — Tours d'absorption des oxydes d'azote (Usine de Notodden).

duit peuvent être facilement transformés en acide concentré à 95 %, le résidu trouvant sa meilleure utilisation sous forme de nitrate ou de nitrite de chaux.

Quant à l'attaque et à la détérioration possibles des tours de concentration par l'acide sulfurique et le mélange de cet acide avec l'acide nitrique à haute température, elle n'est pas à craindre dans les installations actuelles, bien que le choix d'une matière capable de résister à des produits si corrosifs n'ait pas été exempte de difficultés. Les appareils actuellement utilisés sont d'une construction assez robuste pour que leur renouvellement n'augmente pas les frais généraux d'une façon importante.

Cette fabrication d'acide nitrique concentré et pur rendra certainement de grands services à l'industrie, les produits commerciaux étant généralement saturés de vapeurs nitreuses et d'un prix que les procédés électrochimiques décrits ci-dessus ne tarderont pas à concurrencer. L'acide nitrique faible provenant des tours d'absorption n'en trouvera du reste pas moins son utilisation, un grand nombre d'industries employant cette substance à l'état dilué. La fabrication du nitrate de chaux elle-même ne nécessite pas toujours un acide concentré et l'acide faible trouvant déjà dans cette préparation un débouché important. Examinons donc maintenant le cas où la production électrochimique des composés nitrés serait exclusivement destinée à la fabrication du nitrate de chaux, soit en passant par l'acide nitrique faible, soit par absorption directe des gaz nitrés par la chaux.

§ III. — Fabrication du nitrate de chaux.

Procédé des usines de Notodden.

Les oxydes d'azote étant fixés, il reste maintenant à les utiliser sous forme de composés plus stables que l'acide nitrique. On a choisi, pour cela, le nitrate de chaux, ce composé donnant en agriculture de meilleurs résultats que le sel correspondant de soude.

Pour fabriquer le nitrate de chaux, le procédé employé est des plus simples : il consiste simplement à neutraliser l'acide qui sort des tours de granit par du calcaire grossièrement concassé. Il se produit alors une attaque de celui-ci avec dégagement de gaz carbonique, d'après la réaction classique suivante :

$$2AzO^3H + CO^3Ca = (AzO^3)^2Ca + CO^2 + H^2O.$$

Cette opération s'effectue dans des cuves de granit (fig. 38) de forme et de dimensions appropriées à l'importance de l'installation.

Il faut avoir soin d'ajouter au calcaire une petite quantité de chaux vive, pour que la dissolution soit complètement neutre.

Pour effectuer la concentration de la dissolution, on utilise la chaleur fournie par la vapeur de la chaudière destinée à refroidir les gaz sortant des fours. On obtient ainsi un produit contenant près de 80 % de nitrate de chaux et entrant en ébullition à la température de 145° environ. En concentrant encore davantage la dissolution précédente, celle-ci peut se solidifier par refroidissement, lorsqu'on la verse, encore liquide, dans des tonneaux de tôle.

Mais, au lieu d'évaporer le nitrate, on peut le faire cristalliser : il suffit pour cela de le porter, à l'état de dissolution, à la température de 120°. On économise ainsi une certaine quantité de calories et l'on obtient un produit plus pur.

Le nitrate de chaux fabriqué en Norvège par le procédé Birkeland-Eyde est un sel de chaux très riche. Sa composition est approximativement la suivante :

Acide nitrique.	50,25 %
Chaux	26
Eau de constitution	23,50
Magnésie, silice, etc. . . .	0,25

Un grand nombre d'expériences poursuivies depuis 1905 sur les sols les plus divers et des cultures très variées ont prouvé que ses qualités fertilisantes étaient au moins égales à celles du nitrate de soude du Chili. Sa couleur est grisâtre ou jaunâtre, suivant les variétés de calcaire servant à la neutralisation de l'acide nitrique. En général, il est tout broyé, en menus grains et prêt ainsi pour l'épandage. Son seul inconvénient, mais il n'est pas grave, est son hygroscopicité. On peut cependant la supprimer en ayant soin de n'ouvrir les barils qui le contiennent qu'au moment où il doit être utilisé. Au point de vue chimique, le nitrate de chaux artificiel se signale par une grande stabilité au point de vue de sa teneur en azote.

Procédé Schlœsing.

M. Th. Schlœsing fils a imaginé un procédé des plus ingénieux qui a pour but de fabriquer directement du nitrate de chaux sans passer par l'intermédiaire de l'acide nitrique et qui consiste à faire absorber à chaud et à sec les oxydes d'azote par des bases fixes.

Fig, 38. — Cuves en granit pour la fabrication du nitrate de chaux.

Pour cela, M. Schlœsing utilise un dispositif (fig. 39) consistant en une caisse *m* remplie de matière A, mixte au point de vue chimique mais que l'on peut porter à une température voisine de 350° ou 400° au moyen d'une source de chaleur quelconque. Dans cette caisse sont placés verticalement des cylindres métalliques *t* terminés à leurs deux extrémités par des calottes semi-sphériques dans lesquelles passent des tubes *t'* faisant communiquer entre eux les différents cylindres. Dans ces derniers se trouvent des fragments de chaux vive agglomérés par la chaleur.

Les gaz nitreux sortant du four Birkeland par le tube *i* passent d'abord par un dessicateur *c* qui, sans les transformer chimiquement, les débarrasse de toute trace d'humidité ; ils pénètrent alors dans le premier cylindre, puis dans le second et le troisième, et s'échappent finalement dans l'air.

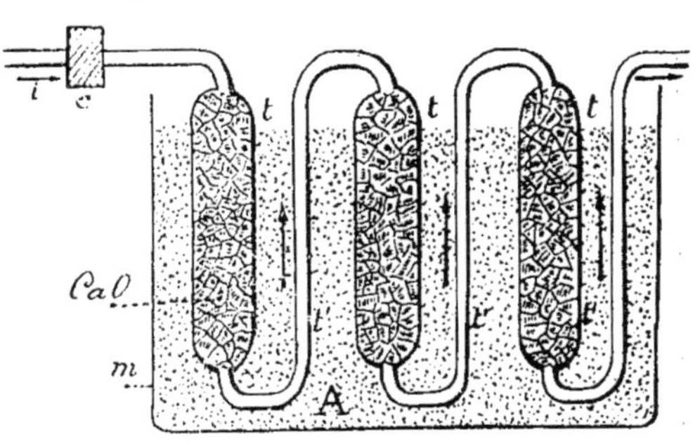

Fig. 39. — Dispositif de M. Th. Schlœsing pour la préparation du nitrate de chaux.

On peut naturellement employer un nombre de cylindres supérieur à trois, mais de nombreuses expériences ont prouvé que l'augmentation de poids des deux premiers cylindres correspond rigoureusement à la teneur, en composés nitrés, du gaz qui les a traversés. Ainsi, ces gaz nitrés se sont intégralement et presque instantanément transformés en nitrate de chaux. Il est du reste facile de se rendre compte qu'il en est bien ainsi, les gaz qui s'échappent de la batterie étant absolument dépouillés, et jusqu'à la dernière trace, de leurs oxydes d'azote. Les autres cylindres conservent leur poids initial, sans le moindre changement.

D'après M. Grandeau, le résultat final et pratique de ces expériences serait la production directe d'un nitrate de chaux ayant une teneur en azote (14 à 14,5 %) plus élevée que celle du nitrate qu'on obtient actuellement aux usines de Notodden. Cette méthode permettrait en outre d'utiliser entièrement l'azote fabriqué dans les fours électriques puisqu'il n'y a aucune perte de ce gaz au moment de l'absorption des oxydes nitreux par la chaux. Cette opération ne demande du reste qu'un matériel d'une extrême simplicité et entraîne par suite une notable économie dans les installations industrielles.

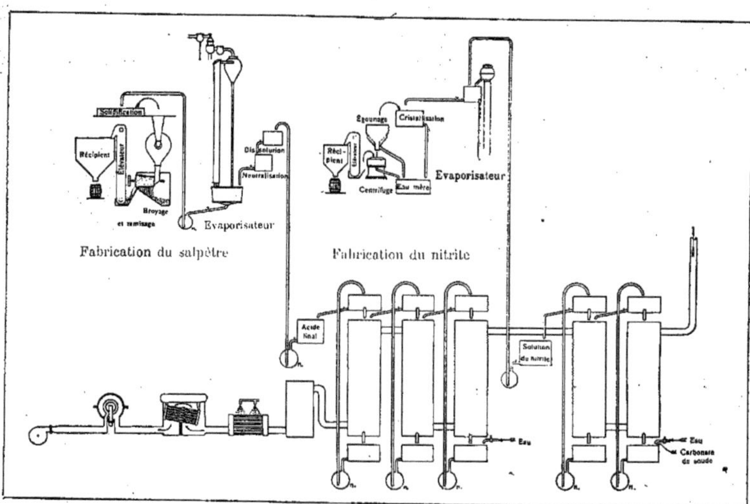

Fig. 40. — Schéma de la préparation industrielle de l'acide nitrique, du nitrate de chaux et du nitrate de soude par les procédés électrochimiques.

§ IV. — Produits pouvant être fabriqués à l'aide des procédés Birkeland-Eyde.

Nitrite de soude.

Tout ce que nous venons de dire concerne exclusivement le nitrate de chaux. Si l'on désire cependant obtenir, au moyen de la dissolution de *nitrite de soude* fabriquée dans les tours de bois (procédé Brikeland), un sel concentré, la première dissolution est envoyée, à l'aide d'un monte-jus, dans un évaporisateur (fig. 40), puis dans un bac de cristallisation. Après différentes opérations et une fois qu'il est suffisamment débarrassé de son eau, on recueille ce sel dans des récipients comme le nitrate de chaux.

Acide nitrique pur.

Quant à l'*acide nitrique* lui-même, il peut être directement utilisé au sortir des tours, comme nous l'avons vu précédemment, pour les différentes applications qui lui sont réservées dans l'industrie. Il est en effet d'une très grande pureté et peut en conséquence être avantageusement employé par les établissements dont la principale préoccupation au sujet de l'emploi de ce composé est d'avoir un produit exempt de matières étrangères. Par son origine même, l'acide nitrique électrochimique ne renferme aucun des éléments qui souillent généralement l'acide commercial fumant ou monohydraté et il ne communique par suite aux produits auxquels il est mélangé aucune propriété inattendue.

Etant donné l'importance des applications des nitrates norvégiens, l'usine de Notodden sera bientôt insuffisante pour satisfaire aux demandes concernant ses produits. Aussi pense-t-on déjà en accroître la puissance en utilisant la chute du Rjukan (fig. 41), l'une des plus importantes de la Norvège; cette chute peut fournir 220.000 chevaux effectivement disponibles pour le travail chimique de l'oxydation de l'azote. On va d'abord lui enlever 110.000 chevaux en bâtissant une première usine à mi-hauteur de la chute; le reste sera utilisé dans la suite.

« L'industrie, dit M. Th. Schlœsing, va faire ainsi une magnifique conquête ; mais, il faut le reconnaître, les touristes auront quelque droit de lui en vouloir, parce qu'elle les aura privés d'une merveille. Il est juste, d'ailleurs, d'ajouter que l'industrie leur fournira du nitrate, qui sert à faire du pain, lequel est bien utile, ne serait-ce que pour entretenir les touristes... »

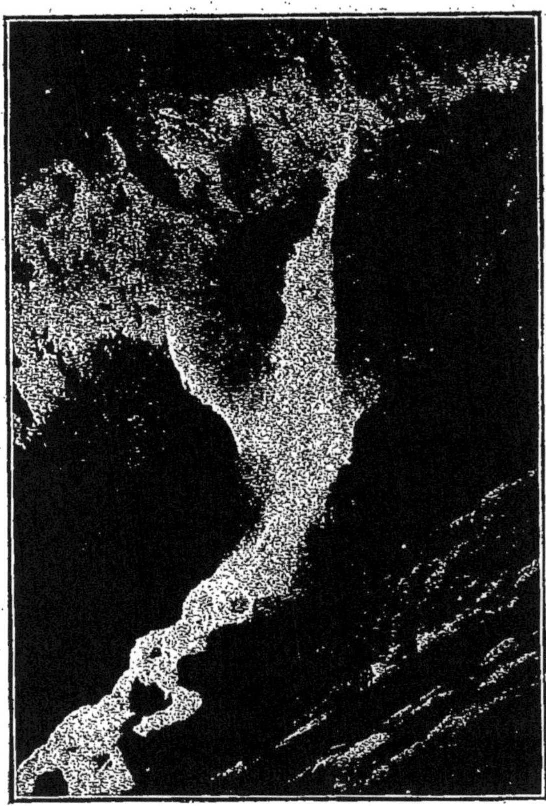

Fig. 41. — Chute du Rjukan (Norvège) dont la puissance (220.000 chevaux) sera prochainement utilisée pour la préparation électrochimique de l'acide nitrique.

En somme, si l'on ajoute aux 34.000 chevaux de Svælgfos-Notodden les 110.000 chevaux de Rjukan, on arrivera à un total de 144.000 chevaux correspondant, en énergie électrique, à 106.000 kilowatts. Comme il faut environ 2 kilowatts pour la production d'une tonne d'acide nitrique, cette puissance de 106.000 kilowatts donnera 53.000 tonnes d'acide, ce qui équivaut à 90.000 tonnes de nitrate de chaux à 13 °/₀ d'azote. C'est là un résultat vraiment surprenant de la part d'une industrie qui, il y a quelques années seulement, était encore à l'état d'essai entre les mains des savants et des chimistes.

Engrais.

La préparation électrochimique de l'acide nitrique rendra de grands services au commerce des engrais, en assurant, dans l'avenir, l'accroissement des terres cultivées, sans que pour cela le nitrate du Chili ait à craindre une concurrence redoutable de la part du nitrate de chaux artificiel. En effet, nous ne sommes pas encore au moment où les gisements de nitrate de soude viendront à disparaître complètement et, d'un autre côté, la quantité d'acide nitrique fabriquée électrochimiquement restera encore longtemps à l'état de minimum, les conditions favorables à sa fabrication ne se trouvant réunies que dans des régions exceptionnelles.

En somme, les paysans et les cultivateurs sont assurés, en ce qui concerne l'azote comme aliment végétal, d'un approvisionnement presque illimité, l'air mettant gracieusement et continuellement à notre disposition les éléments qui le constituent quand le sol ne nous le fournit pas lui-même directement.

Substances diverses.

Outre les applications du nitrate de chaux comme engrais, on peut déjà entrevoir quels seront désormais pour les simples industriels les avantages de la fabrication électrochimique de l'acide nitrique et des nitrates. Partout où ces substances ont été jusqu'ici avantageusement utilisées, on pourra en faire usage à meilleur compte. On consomme annuellement, rien qu'en France, près de cinq millions d'acide nitrique. Parmi ses principaux usages (fig. 42), nous citerons son emploi dans la préparation industrielle des azotates de cuivre, de plomb, de mercure et d'argent, celle de l'acide sulfurique, de l'acide arsénique et du fulminate de mercure. Le dérochage du cuivre, du bronze et du laiton, l'affinage de l'argent et de l'or, la gravure à l'eau forte (ou gravure sur cuivre) en consomment aussi de grandes quantités. On l'emploie également pour la teinture de la laine et de la soie en jaune.

Le salpêtre est utilisé pour la fabrication de la poudre noire et des mélanges employés en pyrotechnie; on s'en sert également dans le salage des viandes, pour leur communiquer une teinte fraîche. Le nitrate de soude qui, soumis à l'action de la chaleur ou des corps combustibles, se comporte exactement comme le nitrate de potassium, remplace ce dernier dans la plupart de ses usages, sauf dans la préparation de la poudre et des feux d'artifice à cause de sa grande déliquescence. Un mélange contenant 80 % de nitrate de soude et 20 % de mononitronaphtaline constitue un

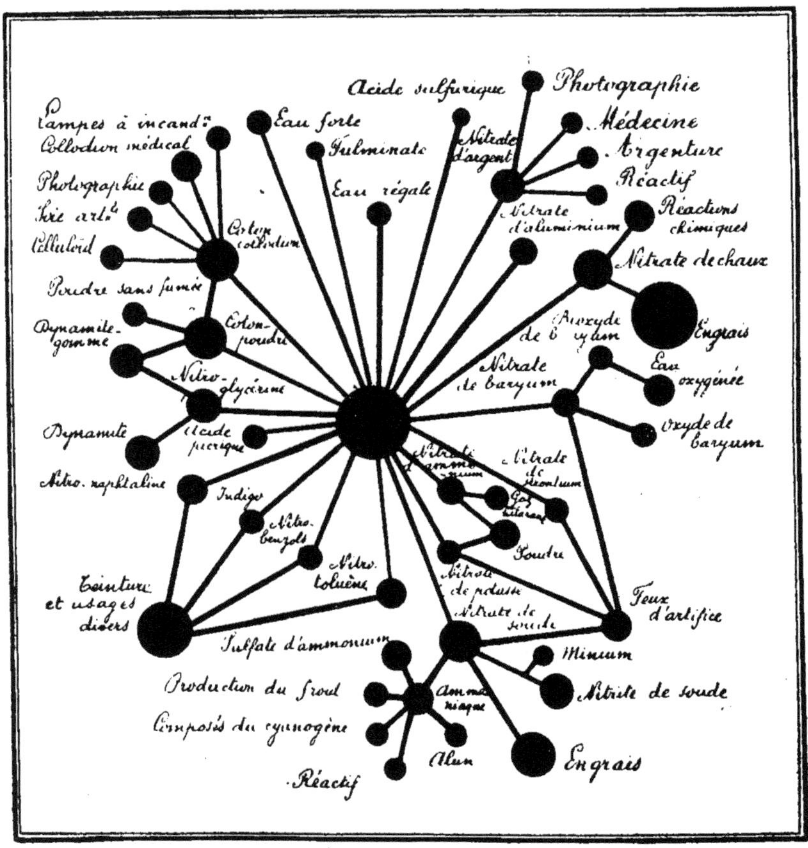

Fig. 42. — Tableau synthétique des principaux emplois de l'acide nitrique et des composés qui en dérivent.

des explosifs Favier employés comme poudre de sûreté dans les mines riches en grisou. Mêlé au fumier il en augmente les qualités fertilisantes.

Intérêt et avenir de la méthode précédemment décrite.

La production économique de l'acide nitrique assure donc aux pays dans lesquels les chutes d'eau rendent possible la mise en œuvre des procédés électrochimiques la fabrication de tous les produits (dynamite, poudres de guerre, picrates) nécessaires à la défense nationale sans que ces contrées aient besoin de l'importation de nitrate exotique, indispensable jusqu'ici à la fabrication de l'acide nitrique.

Quant à l'importance de cette découverte au point de vue de la chimie organique, nous n'avons pas à l'apprécier ici ; il nous suffira d'indiquer qu'un grand nombre de substances appartenant à cette partie de la chimie industrielle générale, et en particulier les matières colorantes artificielles, pourront prendre un développement dont elles n'avaient pas encore pu jusqu'ici bénéficier, malgré leur prix de revient relativement peu élevé si on le compare à celui des substances colorantes naturelles.

CHAPITRE V

LA CYANAMIDE CALCIQUE.

§ I. — Origine et préparation industrielle de la cyanamide calcique.

Généralités. — Définitions.

La cyanamide calcique, encore désignée sous les noms de *chaux azotée* ou de *chaux-azote*, est un produit artificiel renfermant du carbone, de l'azote et du calcium. Elle correspond à la formule CAz^2Ca, qui peut facilement recevoir une explication. On sait en effet qu'on appelle *amide*, en chimie organique, tout corps résultant de la déshydratation d'un sel ammoniacal. La cyanamide résulte ainsi de la déshydratation du cyanate d'ammonium $CAzO.AzH^4$. On a en effet :

$$CAzO.AzH^4 - H^2O = CAz^2H^2.$$

Quant à la cyanamide *calcique*, elle diffère simplement de la cyanamide ordinaire CAz^2H^2 par le remplacement des deux atomes d'hydrogène par un atome de calcium, comme l'explique sa formule chimique CAz^2Ca. De là le nom qui lui a été donné.

Premiers essais concernant la préparation de la cyanamide calcique.

Le point de départ de la fabrication de la cyanamide calcique concerne les recherches effectuées il y a quelques années par Moissan sur les azotures métalliques, c'est-à-dire sur la possibilité de combiner, à des températures plus ou moins élevées, l'azote élémentaire avec des métaux tels que le magnésium et le calcium.

Marguerite et Sourdeval d'une part, Mond et Solvay de l'autre, ont ensuite réussi à fixer l'azote de l'air, à l'état de cyanures, par l'action de ce gaz sur le charbon en présence des alcalis. Malheureusement, le prix de revient élevé d'une semblable opération n'a pas permis à ce procédé de s'étendre industriellement.

On a également essayé de fixer l'azote sur le calcium en chauffant fortement du cuivre en présence de l'air : celui-ci, en cédant son oxygène au cuivre, le transforme en oxyde de cuivre, tandis que l'azote libre peut, en se combinant à du carbure de calcium disposé dans des appareils appropriés, donner de l'azotate de chaux ou du cyanure de calcium. Les propriétés fécondantes de ce dernier semblent le rapprocher des nitrates naturels; il n'a pas malgré cela reçu jusqu'ici d'applications importantes en agriculture.

En 1895, MM. Frank et Caro remarquèrent que les carbures alcalino-terreux absorbaient l'azote sous l'influence de la chaleur. Ils furent conduits à cette constatation à la suite de recherches sur la fabrication des cyanures métalliques tels que le cyanure de baryum $Ba(CAz)^2$. Celui-ci peut, en effet, prendre naissance d'après la réaction :

$$C^2Ba + 2Az = Ba(CAz)^2.$$

Cette réaction, qui a été brevetée par Readmann et Parker, est actuellement exploitée par la « Scottish Cyanid C° » de Leven (Fifershire) qui s'occupe de la préparation industrielle des cyanures.

Si, au lieu de carbure de baryum, on emploie du carbure de calcium, la réaction qui a lieu est assez comparable à la précédente et l'on obtient dans ces conditions de la cyanamide calcique.

C'est à M. Chuard que l'on doit d'avoir le premier constaté la présence de l'azote à l'état combiné dans le carbure de calcium préparé industriellement, la proportion de ce gaz pouvant être comprise entre 0,5 et 1 %. En 1897, ce même chimiste remarqua, au cours de recherches analytiques sur le gaz acétylène et ses produits de décomposition, la présence de l'ammoniac AzH^3 dans les résidus de la préparation de l'acétylène et aussi dans le gaz dégagé par la chute de l'eau sur le carbure. La détermination de l'azote total, par la méthode de Kjeldahl, dans les échantillons commerciaux de carbure, permit de constater presque régulièrement une proportion d'azote voisine de 1 % de la composition totale.

Cette présence de l'azote dans le carbure de calcium et le dégagement d'ammoniac qui en résulte peuvent être expliqués par deux réactions différentes résultant, dans ce produit, de deux composés nitrés de formule spéciale.

Le premier de ces composés est l'azoture de calcium Az^2Ca^3, dont la décomposition en présence de l'eau s'effectue d'après la réaction suivante :

$$Az^2Ca^3 + 3H^2O = 3CaO + 2AzH^3.$$

Elle donne lieu à un dégagement immédiat d'ammoniac accompagnant le gaz acétylène dans la proportion de 0,03 à 0,06 % du carbure.

Le second composé est le cyanate de calcium $Ca\,(CAzO)^2$, dont la décomposition, plus lente que la précédente, s'effectue d'après la réaction :

$$Ca\,(CAzO)^2 + 3H^2O = CO^3Ca + CO^2 + AzH^3.$$

Cette réaction est la cause principale du dégagement progressif d'ammoniac observé dans les résidus.

Or, le cyanate de calcium, décomposé par la seule action de la chaleur, donne de la cyanamide de calcium, d'après l'équation chimique suivante :

$$Ca\,(CAzO)^2 = CAz^2Ca + CO.$$

Procédé Pfleger et Freudenberg.

Pfleger et Freudenberg ont montré qu'on pouvait remplacer économiquement le carbure de baryum par le carbure de calcium pour obtenir la cyanamide. On a alors la réaction ci-dessous :

$$C^2Ca + 2\ Az = CAz^2Ca + C.$$

Le carbure de calcium, chauffé dans un courant d'azote, donne ainsi un mélange de cyanamide calcique et de charbon.

Dans cette réaction, on ne doit pas laisser intervenir l'air afin d'éviter que son oxygène ne brûle le carbone et ne transforme le calcium en oxyde de calcium, c'est-à-dire en chaux.

Procédé Siemens et Halske.

Le procédé Siemens et Halske et celui du Dr Erlwein diffèrent du précédent en ce sens qu'ils utilisent une même opération pour

Fig. 43. — Prise d'eau de l'*Eau-Rousse* (3.000 chevaux) qui alimente l'usine électrochimique de Notre-Dame-de-Briançon (Savoie).

la production du carbure de calcium et celle de la cyanamide. L'azote est, pour cela, fixé sur un mélange de charbon de bois et de chaux chauffé dans un four électrique. Il se produit la réaction suivante :

$$3C + CaO + 2Az = CAz^2Ca + CO.$$

Le composé obtenu renferme de 10 à 15 % de produits nitrés.

Procédé Polzeniusz : l'azote-chaux.

Le procédé du Dr Edouard Polzeniusz, qui est exploité depuis l'année 1906 dans une usine située à Westeregelu, près de Magdebourg, consiste à additionner le carbure de calcium sur lequel doit réagir l'azote, de 10 % environ de son poids de chlorure de calcium. Cette addition aurait pour avantage, d'après l'inventeur, d'effectuer la fixation de l'azote à une température sensiblement plus basse (700° environ) que dans la fabrication ordinaire de la cyanamide où le chlorure de calcium n'intervient pas.

C'est au composé nitré résultant de cette réaction qu'on a donné le nom d'*azote-chaux* (1). Il possède approximativement la composition suivante :

Azote.	20 %
Calcium.	45
Charbon.	19,5
Chlore	6,5

Son seul inconvénient, au moins pour ses applications agricoles, est la présence du chlore. Il possède cependant les mêmes propriétés que la cyanamide ordinaire. On lui a également reproché une certaine hygroscopicité.

Quelques chercheurs ont tenté de remplacer le chlorure de calcium par le fluorure de ce métal. Les résultats n'ont pas été meilleurs, car la présence de ce composé donne toujours naissance à un peu d'acide fluorhydrique, corps dangereux pour le personnel ouvrier et nuisible à la bonne conservation des appareils destinés à contenir le produit fabriqué.

On a essayé finalement les sels de potassium. A la suite de différentes recherches, MM. Polloggi ont reconnu que la potasse ordinaire du commerce constituait un très bon catalyseur de la

(1) V. L. Grandeau, L'Azote nitrique et l'agriculture, p. 44 (Librairie de la Maison Rustique, Paris. 1907).

réaction d'addition de l'azote. Ce gaz se fixe assez régulièrement entre 800° et 900°, surtout si l'on augmente sa pression. Le carbonate de potassium ne se transforme pas et on le trouve identique à la fin de l'opération ; il présente du reste un avantage sérieux dans l'emploi de l'azote-chaux en agriculture, celui de contenir de la potasse, corps indispensable, comme nous l'avons vu, à la vie des plantes.

Procédé Franck et Caro.

La fabrication de la cyanamide d'après le procédé Frank et Caro a été réalisée pour la première fois par la Société italienne de

Fig. 44. — Usine à cyanamide de Notre-Dame-de-Briançon (Savoie).

Piano d'Orte, qui possède près de Pescara une force hydro-électrique de 25.000 chevaux et qui peut fournir annuellement 4.000 tonnes de cyanamide.

De nouvelles usines se sont établies depuis peu en Dalmatie, en Suisse et en Norvège. En France, la « Société française des produits azotés » possède une usine très importante de cyanamide à Notre-Dame-de-Briançon, en Savoie. Cette usine est construite sur les bords de l'Isère, entre Albertville et Moutiers, et elle puise la force nécessaire à son fonctionnement au torrent de l'*Eau-Rousse* (fig. 43), qui dispose d'une énergie hydraulique de 3.000 chevaux, et à la Radja, sur le torrent de Saint-Jean-de-Belleville, qui peut fournir 10.000 autres chevaux. Comme le carbure de calcium constitue la matière première la plus importante de cette fabrication, on a eu soin d'installer l'usine à cyanamide (fig. 44) à côté d'une usine à carbure déjà existante (fig. 45) et en fonctionnement (usine des Carbures métalliques, brevets Bullier). Les deux photographies ci-jointes devraient, en réalité, être sur le prolongement l'une de l'autre, chaque usine se trouvant sur une rive de l'Isère

Fig. 45. — Usine à carbure de calcium de Notre-Dame-de-Briançon.

ainsi qu'on peut s'en rendre compte en mettant sur un même plan les fig. 44 et 45. L'usine des carbures dispose ainsi d'une énergie totale de 13.000 chevaux. Une partie du courant électrique qui lui est fourni va à l'usine de cyanamide qui reçoit le carbure en fragments pesant de 20 à 40 kilogrammes. Ce carbure titre 300 litres d'acétylène à 15° et à 760^{mm}, ce qui correspond à :

$$C^2Ca = 80{,}57 \ \% \text{ pur.}$$

Il est d'abord concassé dans un casse-pierres à mâchoires, puis il est envoyé dans un moulin à boulets de 2 m. de diamètre et passe finalement dans un tube garni de silex et ayant 5 mètres de longueur. Le carbure, réuni dans une trémie, est chargé directement dans les fours servant à la préparation de la cyanamide.

Quant à la préparation de l'azote, elle se fait dans un atelier spécial au moyen d'appareils Linde (fig. 46 et 47).

Le carbure, placé dans des fours ayant une forme cylindrique, est chauffé à une température voisine de 1100° en même temps qu'on le fait traverser par un courant d'azote. L'opération dure de 18 à 56 heures et l'on est averti de la fin de la réaction par une élévation de température qui se manifeste très nettement en passant par un maximum.

A l'usine de Notre-Dame-de-Briançon, l'atelier des fours comprend 30 appareils semblables contenant chacun 300 kilog. de carbure (1). La production moyenne de l'usine est de 10 tonnes par jour, soit plus de 3.000 tonnes par an.

Une fois retirée des fours, la cyanamide est soumise à un broyage (fig. 48) dans un concasseur spécial. Elle est ensuite réduite en poudre fine puis mise en sacs pour les expéditions.

Prix de revient de la cyanamide calcique.

On peut établir le prix de revient de la cyanamide en partant de celui du carbure de calcium. Admettons ainsi pour le prix d'une tonne de carbure de calcium riche à 80 % le chiffre de 185 fr. On sait que 1.000 tonnes de carbure industriel exigent 200 tonnes d'azote dont le prix de revient est, d'après M. Guye, de 0 fr. 10 le kilogramme, en moyenne. D'après cela, le prix de revient d'une tonne de cyanamide ou chaux azotée, serait établi comme suit :

1 tonne de carbure à 80 % . .	185 fr.
200 kilogr. d'azote	20
Réparation des appareils . . .	20
Broyage du carbure et fabrication	25
Emballage, frais généraux. . .	10
Transport	20
Amortissement et intérêt . . .	35
Total . .	315 fr.

Le kilogramme d'azote de la cyanamide reviendrait, d'après ce calcul, à 1 fr. 57. En supposant le prix du carbure égal à 140 fr.

(1) CH. PLUVINAGE, La fabrication de la cyanamide en France (*Journal d'agriculture pratique*, 3 septembre 1908, p. 298).

Fig. 46. — Colonnes à distiller des appareils Linde pour l'extraction de l'azote de l'air.

seulement la tonne, ce qui se trouve souvent réalisé dans l'industrie, le kilogramme d'azote ne serait plus que de 1 fr. 35. Ce prix permet au nouveau produit de lutter avec ceux correspondant aux autres produits azotés actuellement employés en agriculture.

Les prix de vente actuels, qui varient nécessairement avec le pourcentage en azote du produit fabriqué sont les suivants : de 20 à 22 fr. les 100 kilogrammes, pour la cyanamide à 15 % d'azote et de 27 à 29 fr. les 100 kilogrammes, pour celle à 20 %.

§ II. — Propriétés et usages de la cyanamide calcique.

Propriétés physiques et chimiques. — Composition, analyse.

La cyanamide calcique se présente généralement sous forme d'une poudre noirâtre à odeur légèrement phosphorée. Théoriquement, si les matières premières étaient pures et la réaction complète, le mélange de cyanamide et de charbon résultant de l'action de l'azote sur le carbure devrait contenir environ 30 % d'azote (1); mais généralement, la chaux azotée commerciale n'en renferme que de 15 à 20 %. Un échantillon de ce produit, analysé par le Dr Erlwein, a donné les résultats suivants :

Cyanamide calcique pure	57 %
Chaux	21
Charbon	14
Silice	2,5
Oxyde de fer	1
Carbonate de chaux, soufre, phosphore	1

Une autre analyse de cyanamide, effectuée par M. Aeby, a donné les chiffres ci-dessous :

Cyanamide calcique	57,5 %
Chaux	19
Graphite	10,5
Oxyde de manganèse, fer, etc.	7
Humidité, carbure	5

La présence du carbure de calcium dans la cyanamide tient à une mauvaise fabrication et entraîne de sérieux inconvénients dans l'emploi agricole de ce produit, le carbure de calcium étant un véritable poison pour les plantes.

(1) A. Rigaut, La fixation de l'azote de l'air et la chaux azotée (*Revue scientifique*, 22 juin 1907).

Fig. 47. — Vue d'ensemble des compresseurs des machines à air liquide.

Il est du reste assez facile de reconnaître la présence de cette impureté malfaisante dans le produit fabriqué ; sous l'influence d'une faible humidité, il y a dégagement de gaz acétylène dont l'odeur caractéristique et pénétrante décèle rapidement la formation du gaz carburé.

Pour éviter de tels inconvénients, le mieux, à l'heure actuelle, semble d'effectuer les achats de cyanamide en spécifiant un minimum de carbure sous réserve d'analyse effectuée au lieu d'utilisation de ladite substance.

L'action de l'eau sur la cyanamide varie avec la température. Ainsi, dans l'eau froide, cette substance se dissout mais ne se décompose que très lentement.

L'eau chaude donne de la chaux et des produits de polymérisation de la cyanamide. L'action de la vapeur d'eau surchauffée donne de l'ammoniaque, d'après la réaction suivante :

$$CAz^2Ca + 3\ H^2O = CO^3Ca + 2Az\ H^3.$$

Cette réaction est utilisée industriellement pour le dosage de l'azote dans la cyanamide : elle est à la fois simple et précise.

L'action lente de l'eau produirait aussi, d'après certains auteurs, de l'urée puis du carbonate d'ammoniaque et ce serait grâce à cette transformation que la chaux azotée posséderait des qualités appréciables au point de vue agricole.

Qualités de la cyanamide comme engrais.

Les qualités de la cyanamide comme engrais ont prêté à de vives discussions de la part des agronomes et encore, à l'heure actuelle, son rôle n'est-il qu'incomplètement défini. On tend, malgré cela, à admettre que, dans la majorité des cas, elle donne de bons résultats et paraît se comporter, au point de vue du rendement des récoltes, comme le sulfate d'ammoniaque.

MM. Muntz et Nottin ont étudié les réactions que la cyanamide subit lorsqu'elle est incorporée au sol, la manière dont elle se comporte vis-à-vis des végétaux aux divers stades de leur développement et son influence sur l'augmentation des récoltes.

Ils ont incorporé dans ce but, à différents lots d'une terre franche, de la cyanamide renfermant exactement, d'après les dosages, 20,07 % d'azote. La même opération a été faite avec d'autres produits azotés usuels (sulfate d'ammoniaque, sang desséché, cuir torréfié) et les proportions des substances employées ont été calcu-

Fig. 48. — Atelier de broyage de la cyanamide.

lées de façon que la quantité d'azote donnée fût la même dans chaque cas, soit 0 gr. 250 par kilogramme de terre. En déterminant ensuite, après plusieurs jours d'essai, les quantités d'azote nitrifié par kilogramme de terre, MM. Muntz et Nottin ont obtenu les résultats consignés dans le tableau suivant :

AZOTE NITRIFIÉ par kilogr. de terre	CYANAMIDE	SULFATE D'AMMON.	SANG	CUIR
	gr.	gr.	gr.	gr.
Au bout de 8 jours	0,003	0,039	0,048	0,003
— 15 —	0,011	0,149	0,111	0,024
— 33 —	0,020	»	»	»
— 60 —	0,068	»	»	»
— 105 —	0,204	0,247	0,154	0,037
— 150 —	0,220	0,250	0,165	0,065

Ces chiffres sont traduits graphiquement par les courbes de la fig. 49 qui permettent de se rendre compte plus rapidement, par comparaison, des résultats obtenus par les différents composés azotés soumis aux mêmes essais. Comme, sur 0 gr. 250 d'azote incorporé au début de l'expérience, le sulfate d'ammoniaque en a laissé nitrifier 0 gr. 250, c'est-à-dire la totalité, son rendement est maximum. Si l'on représente ce rendement par le nombre 100, on aura les pourcentages suivants d'azote pour les autres corps essayés :

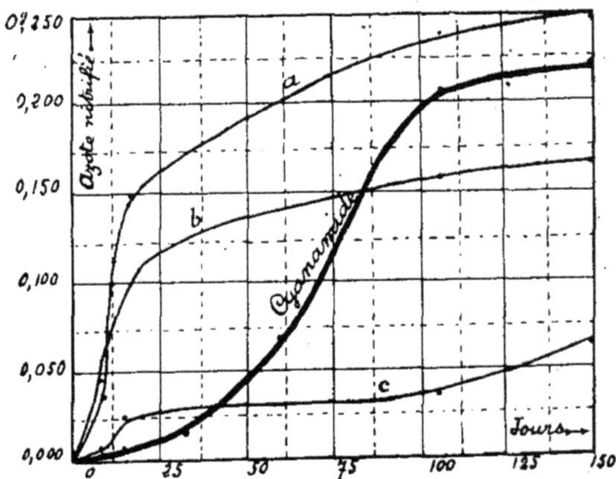

Fig. 49. — Poids d'azote nitrifié, par kilogramme de terre, par la cyanamide et autres engrais azotés.
a, sulfate d'ammoniaque ; *b*, sang desséché ; *c*, cuir torréfié.

Sulfate d'ammoniaque . .	100 %
Cyanamide calcique . . .	88
Sang desséché	66
Cuir torréfié	26

Cette nitrification a été effectuée au bout de 5 mois.

Différents essais culturaux, institués dans diverses régions dans le but de vérifier les expériences de laboratoire, ont donné de très bons résultats. Nous indiquerons l'un de ces résultats, obtenu à Fretoy (Seine-et-Marne), dans une terre très fertile, sur du blé de printemps. On avait donné 40 kilog. d'azote par hectare et la récolte a été la suivante :

NATURE DE L'ENGRAIS AZOTÉ	RÉCOLTE PAR HECTARE	
	Grain	Paille
Cyanamide	3.852 kg.	5.200 kg.
Sulfate d'ammoniaque	3.140	4.200
Sang desséché	3.548	4.800
Cuir torréfié	3.040	3.600
Témoin (sans engrais azoté) . . .	2.964	3.840

Ces résultats permettent d'affirmer que la cyanamide de calcium se rapproche des engrais azotés les plus actifs ; elle équivaut sensiblement au sulfate d'ammoniaque.

On a prétendu parfois que la cyanamide pouvait exercer une action nocive sur les plantes, et des exemples ont même été cités à l'appui de cette assertion qui est cependant demeurée sans grande explication jusqu'à ces derniers temps. M. Grandeau explique les quelques insuccès obtenus avec ce corps par la présence probable, dans la cyanamide employée, d'un composé qui est un poison pour les végétaux, la *dicyanamide*, dont M. Frank a lui-même signalé à plusieurs reprises les effets toxiques.

Avec des quantités de cyanamide 10 à 20 fois supérieures à celles qu'on emploie généralement en agriculture, MM. Muntz et Nottin ont remarqué en outre, au début, une action paralysante des organismes nitrifiants et même une légère dénitrification. Cependant, au bout de peu de temps les organismes s'étant acclimatés à ce milieu, la nitrification a pu se produire normalement (1). Ce retard doit du reste être rattaché bien plus à la chaux vive, toujours en excès dans la cyanamide commerciale, qu'à ce dernier produit.

(1) A. Muntz et P. Nottin, L'emploi agricole de la cyanamide de calcium (*Comptes rendus*, 16 novembre 1908).

D'après le Professeur P. Wagner (1), la cyanamide calcique ne peut causer de dommages, dans la pratique culturale, que si elle rencontre des circonstances spéciales par suite desquelles une partie de la cyanamide subirait une transformation anormale.

« Les conditions auxquelles cet évènement est subordonné sont, en premier lieu, les tourbières acides ou encore les sols enclins à l'acidification, très riches en humus et en même temps très pauvres en chaux. Il est reconnu, d'ailleurs, que les sols acides des tourbières se comportent, vis-à-vis des autres engrais azotés, d'une façon tout autre que les sols normaux ».

L'azote de la cyanamide n'est pas directement assimilable par la plupart des végétaux : de même que l'azote de tous les engrais organiques, il doit d'abord passer à l'état d'ammoniaque et d'acide nitrique avant de pouvoir être absorbé par les plantes et d'entrer en combinaison dans leurs tissus.

La cyanamide peut très bien être employée en couverture, c'est-à-dire sur les plantes en végétation ; mais il est toujours préférable de n'opérer que par des temps pluvieux, un temps sec et surtout un soleil ardent produisant parfois sur les plantes un jaunissement momentané et par conséquent une légère flétrissure de la végétation qu'il est toujours utile d'éviter.

En résumé, les propriétés de la cyanamide calcique comme engrais chimique et son emploi en agriculture se ramènent aux caractères suivants :

1° La cyanamide est un engrais azoté de haute valeur et comparable, par ses effets, au nitrate de soude et au sulfate d'ammoniaque ;

2° Les doses à employer sont à peu près les mêmes que celles concernant ces deux derniers engrais ; elles varient ainsi, suivant les cultures, entre 100 et 250 kg. par hectare ;

3° L'épandage doit se faire de préférence à l'automne, lors des labours. Le meilleur résultat est obtenu en enterrant la cyanamide à une profondeur moyenne. Cet engrais n'est à conseiller en couverture qu'au début du printemps ;

4° La cyanamide peut très bien être mélangée avec les autres engrais, phosphatés ou potassiques, qui sont nécessaires si l'on a en vue des rendements élevés ;

(1) Dr P. Wagner, Recherches sur la fumure azotée des plantes cultivées (*Travaux de la Société allemande d'Agriculture*, cahier 129).

5° Un avantage précieux de l'emploi de la cyanamide, à l'état de mélange formant des engrais composés, est qu'elle peut être introduite dans le sol sous cette forme, en une seule fois, à l'automne.

Usages divers : préparation du ferrodur, de la dicyandiamide, de l'urée.

En dehors de ses emplois agricoles, la cyanamide peut recevoir et a déjà reçu d'importantes applications. Sous le nom de *ferrodur*, on désigne un produit à base de cyanamide utilisé comme agent de cémentation à la place des ferrocyanures. Son emploi dans la métallurgie est dû à la propriété que possède la cyanamide de céder facilement son carbone.

La *dicyandiamide*, qui est utilisée pour la préparation de certaines couleurs d'aniline, peut être obtenue à l'état cristallisé par l'action de l'eau, à chaud, sur la cyanamide calcique, d'après la réaction suivante :

$$CaAz^2C + 2H^2O = CaO^2H^2 + CAz^2H^2.$$

La préparation de l'*urée* peut de même être réalisée au moyen de la cyanamide ; cette dernière en effet, en solution aqueuse, donne par traitement à l'aide des acides, une série de produits organiques parmi lesquels se trouve l'urée.

Signalons enfin la fabrication de sels possédant la propriété d'abaisser la température de détonation des explosifs.

En somme, l'industrie de la cyanamide comme celle des nitrates de synthèse a pour elle un avenir brillant ; cependant son prix de vente permettra seul d'en répandre l'emploi, quelles que soient ses qualités. L'agriculture française est la première intéressée à ce point de vue, la cyanamide étant non seulement un excellent engrais azoté, mais aussi un produit d'origine nationale.

§ III. — Produits similaires de la cyanamide calcique.

Généralités.

La facilité de préparation de la cyanamide calcique par la pénétration moléculaire de l'azote, à haute température, dans du carbure de calcium, a porté certains savants à rechercher si des réactions du même ordre seraient possibles avec des métaux se rapprochant, par leurs caractères généraux, du calcium. Les expériences ont été assez satisfaisantes pour quelques métaux et, en particulier, avec le magnésium et l'aluminium.

Azoture de magnésium : préparation de l'ammoniaque.

La fixation de l'azote par le magnésium demande qu'on agisse non sur le métal lui-même mais sur un de ses alliages. L'opération réussit particulièrement bien avec l'alliage magnésium-étain. Elle s'effectue de la façon suivante :

On part de la carnallite, chlorure double de potassium et de magnésium que l'on rencontre principalement à Stassfurt, dans laquelle on fait dissoudre une certaine quantité de magnésie. L'appareil qui sert dans ce but est un four électrique à électrolyse : son pôle positif est constitué par un cylindre de charbon de cornue et son pôle négatif par une tige d'étain. Dès que le courant traverse l'appareil, le mélange entre en fusion, puis c'est le tour de l'étain qui s'allie avec le magnésium résultant de la décomposition électrolytique du bain. Lorsque l'étain est complètement saturé, on arrête le courant et l'on fait barboter de l'azote dans l'alliage liquide rassemblé au pôle négatif. On utilise pour cela une conduite de fer protégée par un garnissage en terre réfractaire. L'étain reste inaltéré, tandis que le magnésium se combine à l'azote gazeux et forme un azoture.

Il est dès lors facile, en traitant ce composé par de la vapeur d'eau, d'obtenir de l'ammoniaque, d'après une réaction comparable à la suivante :

$$(2Az, 3Mg) + 3H^2O = 2AzH^3 + 3MgO.$$

On retrouve donc de la magnésie, qui peut de nouveau rentrer en fabrication et abaisser ainsi le prix de revient de l'opération. Quant à l'ammoniaque, il suffit de la condenser ou de l'absorber par les moyens ordinaires pour l'utiliser ensuite.

D'après M. Beck, ce procédé serait très économique si l'on dispose d'appareils de dimensions suffisantes pour préparer les matières en grande quantité.

Azoture d'aluminium : son emploi comme engrais.

Avec l'aluminium, c'est l'azoture lui-même que l'on utilise, au même titre que la cyanamide et que le nitrate de chaux, une série d'expériences ayant démontré qu'il pouvait constituer dans la plupart des cas un excellent engrais. Sous l'influence de l'eau et de l'oxygène de l'air, il se transforme en effet, dans le sol, en nitrates et en alumine.

On sait déjà depuis quelques années qu'on peut, au laboratoire, obtenir de l'azoture d'aluminium en faisant passer un courant d'azote sur de la poudre d'aluminium pure chauffée à 700° environ dans un four électrique. Ce procédé étant inapplicable industriellement à cause du prix élevé de l'aluminium pur, le Dr Serpek, de Vienne, a tourné la difficulté en partant du carbure d'aluminium, corps que l'on obtient avec facilité au four électrique en chauffant un mélange d'alumine et de charbon (1). Ce produit, chauffé et traité par de l'azote, donne de l'azoture d'aluminium.

La méthode la plus pratique consiste à faire agir directement l'azote sur le mélange d'alumine et de charbon à une température relativement basse. Comme gaz azote, on utilise celui que l'on obtient en faisant passer un courant d'air sur du coke porté au rouge ; sa composition titre 77 °/₀ d'azote pur, le reste étant surtout constitué par de l'oxyde de carbone et une très faible quantité d'anhydride carbonique.

D'après M. Bronnert, la fixation de 1 kilogramme d'azote sur de l'aluminium, exigerait une dépense d'énergie électrique deux fois plus faible que celle nécessaire à la préparation de la cyanamide de calcium.

L'azoture d'aluminium pourra donc trouver sur les marchés agricoles des débouchés intéressants. Ajoutons à cela qu'il peut, comme l'azoture de magnésium, donner naissance à du gaz ammoniac lorsqu'on le traite par l'eau sous pression et fournir ainsi ce produit à un prix très faible.

(1) Jean Escard, Les Fours électriques et leurs applications industrielles, p. 196 (Dunod et Pinat, éditeurs, Paris 1905).

CHAPITRE VI

LES NITRIÈRES A HAUT RENDEMENT.

§ I. — Importance de la question. — Inconvénients des nitrières actuelles.

Généralités. — Causes de la lenteur d'enrichissement des nitrières actuelles.

Il nous reste à traiter maintenant un point particulier de la fabrication des nitrates, celui concernant la nécessité, pour un pays tel que la France, de trouver en un laps de temps très court une grande quantité de salpêtre pour ses munitions de guerre. La question d'économie est donc ici secondaire et ce qui importe, c'est de parer à l'impossibilité de l'approvisionnement par la mer.

Ce problème a déjà été résolu en partie il y a plus d'un siècle, en 1793, et pendant toute la durée du Premier Empire. Des amas de terre contenant de la potasse, de la chaux et des résidus organiques étaient abandonnés à la nitrification. On y incorporait des matériaux nitrifiables tels que du fumier très décomposé, des excréments humains, des débris végétaux, et le tout, arrosé avec des liquides putrescibles (urines, purin, eaux de vaisselle), pouvait fournir, au bout de deux ans environ, une quantité de salpètre brut égale à 5 grammes environ par kilogramme de terre.

Il est certain qu'un tel rendement est dérisoire et qu'il est possible, grâce aux connaissances acquises aujourd'hui sur le phénomène de la nitrification, d'arriver à des résultats plus satisfaisants. On y est arrivé en effet, et les beaux travaux de MM. Muntz

et Lainé sur la nitrification intensible (1) ont servi de guide pour l'établissement possible de nitrières à hauts rendements.

« La principale cause de la lenteur de l'enrichissement des nitrières artificielles a été jusqu'ici, disent MM. Muntz et Lainé, la grande résistance aux actions microbiennes des matières azotées que l'on y introduisait : débris végétaux et animaux de toute nature, immondices, ordures ménagères, boues de villes, etc. Nous avons pensé qu'on réaliserait un grand progrès dans l'établissement des nitrières artificielles en y introduisant l'azote sous forme de *sels ammoniacaux*, c'est-à-dire de produits *directement nitrifiables*. La nitrification a alors pris une intensité très grande, qui nous a fait entrevoir la possibilité d'une production intensive des nitrates ».

Moyens d'activer la formation artificielle du nitre. Nitrification des sels ammoniacaux en milieu terreux.

De quelle façon et à quel degré s'effectue donc la nitrification des sels ammoniacaux dans les milieux terreux?

Elle s'effectue d'une façon très différente suivant la nature des terres, celles-ci étant placées dans des conditions identiques. On constate, en effet, que l'intensité de la nitrification est extrêmement variable d'une terre à une autre. Le terreau, en particulier, montre toujours une activité nitrifiante presque 10 fois supérieure à celle des autres terres, et, en se reportant aux chiffres exprimant la richesse des différentes terres en carbone humique, on constate que ce sont les plus riches en humus qui nitrifient avec le plus de vigueur. Il semble donc logique d'admettre que c'est la *matière organique* du sol qui est le facteur le plus important de la nitrification ; elle est même indispensable pour que celle-ci se montre avec son maximum d'effet. D'une manière générale, plus une terre contient d'humus et plus elle est apte à se charger d'organismes nitrifiants actifs et à entrer en nitrification rapide.

Or, on trouve des organismes vivants dans toutes les *tourbières* où cependant la nitrification ne peut se produire. C'est que l'azote humique de la plupart des tourbières, tel qu'il y existe à l'état naturel, n'est généralement pas suffisamment actif vis-à-vis

(1) MUNTZ et LAINÉ, Recherches sur la Nitrification intensive et l'établissement des nitrières à haut rendement (*Bulletin de la Société d'Encouragement pour l'Industrie nationale*, année 1907. p. 951).

des micro-organismes pour se transformer en nitrates. C'est l'apport des *sels ammoniacaux* qui rendra à ces mêmes organismes toute leur vitalité.

Dose de sel à utiliser.

La quantité de sels ammoniacaux à faire intervenir comme matière première de la production des nitrates, pour obtenir une formation de nitre aussi intense que possible, tend vers une limite qu'il est indispensable de ne pas dépasser si l'on ne veut pas produire d'effets antagonistes au cours de la nitrification. Il paraît de plus logique de proportionner le sel ammoniacal, non à la quantité de terre elle-même, mais au volume d'eau contenu dans cette terre. Le sol n'intervient, à ce point de vue, que par sa capacité pour l'eau et les terres qui retiennent le plus d'eau, sans être noyées, sont celles qui peuvent recevoir les plus fortes proportions de sel ammoniacal.

D'après MM. Muntz et Lainé, dans une terre renfermant environ 12 % d'eau, on ne devra pas aller au delà de 5 ou 6 gr. de sulfate d'ammoniaque par kilogramme ; au contraire, dans une terre capable de retenir 50 % d'eau, on pourra aller jusqu'à 25 gr. sans avoir à craindre un arrêt dans la nitrification.

Une proportion de sel ammoniacal trop élevée amène le développement d'organismes différents des microbes nitrifiants, de moisissures, qui utilisent pour leur propre alimentation le salpêtre formé, c'est-à-dire qui vont à l'encontre des phénomènes qu'on cherche à réaliser.

§ II. — Établissement des nitrières.

Emploi de la tourbe comme support de nitrification.

La tourbe, qui est presque exclusivement constituée par des matières organiques, peut former un excellent support de nitrification. Elle peut même constituer des nitrières plus actives que celles fournies par la terre ordinaire et même le terreau. La matière première fournissant l'azote peut être le sulfate d'ammoniaque que l'industrie prépare aujourd'hui en grande quantité et dont les sources sont très variées : distillation sèche des déchets animaux ou végétaux, traitement des gaz des hauts-fourneaux, distillation de la houille. Les tourbières constituant, d'autre part, des surfaces improductives et le plus souvent inexploitées, il est facile de les utiliser pour l'installation pratique et économique des nitrières.

Voyons donc de quelle façon pourra s'effectuer l'établissement d'une nitrière, en partant de ces principes.

La tourbe, additionnée de 10 % environ de son poids de carbonate de chaux, ou calcaire, sera d'abord amenée à un état d'humidité que l'on appréciera le mieux à la main ; elle devra pour cela, après avoir été pressée entre les mains, ne pas s'effriter d'elle-même lorsqu'on l'abandonnera sur le sol : à ce moment, elle contient de 55 à 60 % de son poids d'humidité. Bien qu'elle renferme elle-même, comme nous l'avons vu, les ferments nitrificateurs, il est préférable de lui apporter quelques ferments vivaces en l'ensemençant avec du terreau ou avec les matériaux d'une autre nitrière en pleine activité, soit avec 1 % de terreau environ.

Le mélange précédent, tourbe (avec les ferments), calcaire et terreau doit être ensuite placé dans un local où l'on peut maintenir la température entre 25 et 28°. La nitrière est alors prête à recevoir la matière première, c'est-à-dire l'azote ammoniacal. Le sulfate d'ammoniaque destiné à cet usage sera employé à raison de 3 gr. par kilogramme de tourbe (tourbe à 60 % d'eau), ce qui donne des solutions à 5 grammes par litre. Ainsi, un mètre cube de tourbe nitrière, qui pèse de 500 à 600 kg., recevra de 1,5 kg. à 1,8 kg. de sulfate d'ammoniaque.

Fonctionnement de la nitrière.

« En présence de cet aliment, disent MM. Muntz et Lainé, les ferments nitrificateurs, soit préexistants dans la tourbe, soit introduits par la semence, vont trouver un champ d'action particulièrement favorable. Ils vont se multiplier, par sélection peut-être donner naissance à des races plus actives, en tout cas prendre la place prépondérante parmi tous les organismes qui cohabitent le milieu... En même temps que l'azote nitrique s'accroît, l'azote ammoniacal disparaît et disparaît en peu de temps. Si nous n'en renouvelions pas la provision, nous verrions parmi les micro-organismes les rôles changer : faute d'aliment à leur activité, les ferments nitrificateurs seraient refoulés par les organismes qui transforment l'azote nitrique ou l'azote ammoniacal en produits insolubles ou gazeux, perdus pour la nitrification ».

Il faut donc veiller à la constance de l'azote ammoniacal au sein de la nitrière. Des essais fréquents, qualitatifs ou quantitatifs, permettent de se rendre compte à quel point on en est.

Pour introduire le sulfate d'ammoniaque, le mieux est de le dissoudre dans l'eau d'arrosage destinée à maintenir la tourbe avec son pourcentage normal d'humidité.

La nitrification du sulfate d'ammoniaque mettant en liberté de l'acide sulfurique, ce dernier attaque le calcaire pour former du sulfate de calcium (ou plâtre). Pour 132 gr. de sulfate d'ammoniaque qui disparaissent, 200 gr. environ de carbonate sont consommés. Il faut donc avoir soin de s'assurer de temps en temps que le calcaire est constamment en excès dans la nitrière,

D'après les essais de MM. Muntz et Lainé, la production journalière d'azote nitrique d'une nitrière ainsi installée est d'environ 1 décigramme par kilogramme de tourbe humide ; cela correspond à 50 ou 60 gr. d'acide nitrique soit 350 à 400 gr. de nitrate de potasse par mètre cube de la nitrière et par jour.

Extraction du nitrate de chaux.
Fabrication du nitrate de potassium ou salpêtre proprement dit.

Comme le sel que l'on obtient ainsi n'est pas du nitrate de potasse mais du nitrate de chaux $(Az^3O^3)^2Ca$, il convient de soumettre ce dernier à un traitement chimique pour arriver au corps désiré. On commence donc par extraire, par lavage, le nitrate de la tourbe, ce qui donne directement une solution concentrée pesant environ 15° Baumé et contenant 15 % de nitrate de calcium.

Pour transformer ce nitrate de calcium en salpêtre ou nitrate de potassium, AzO^3K, on peut se servir du chlorure de potassium. Il se produit alors la réaction suivante :

$$(AzO^3)^2 Ca + 2KCl = CaCl^2 + 2AzO^3K.$$

Après concentration et refroidissement, le nitrate de potassium cristallise tandis que le chlorure de calcium $CaCl^2$ qui a pris naissance en même temps que lui, lors de la double décomposition, reste dans les eaux-mères.

On peut remplacer, dans cette opération, le chlorure de potassium par le sulfate de potassium qui donne de meilleurs résultats. On a alors la réaction ci-dessous :

$$(AzO^3)^2Ca + SO^4K^2 = SO^4Ca + 2AzO^3K.$$

Dans cette réaction, le sulfate de potassium entraîne la chaux du nitrate à l'état de sulfate insoluble. Le liquide, concentré et débarrassé du sulfate de calcium déposé pendant la concentration, produit directement par refroidissement des cristaux de nitrate de potassium très purs.

Si l'on désire utiliser le nitrate de chaux pour la production de l'acide nitrique destiné à la préparation de certains explosifs nitrés (nitroglycérine, dynamite), il faudra d'abord le faire passer à l'état de nitrate de soude. On emploiera dans ce but le sulfate de sodium qui agira conformément à l'équation chimique suivante :

$$(AzO^3)^2Ca + SO^4Na^2 = SO^4Ca + 2AzO^3Na.$$

Ce nitrate de soude, traité par l'acide sulfurique, produira l'acide nitrique :

$$AzO^3Na + SO^4H^2 = SO^4NaH + 2AzO^3H.$$

Il restera du sulfate acide de sodium qui, neutralisé par du calcaire, permettra de renouveler la provision de sulfate neutre SO^4Na^2 utilisé pour la décomposition du nitrate de chaux. On réalisera ainsi une économie notable dans la marche des opérations.

En résumé, on peut entrevoir la réalisation, par l'application des procédés qui viennent d'être indiqués, d'une production intense de nitrate par la seule exploitation des tourbières. Cette production correspondrait, pour une nitrière de 1 hectare et pour une épaisseur de couche de 1 m., soit un cubage de 10.000 mètres cubes, à 3.000.000 de kilogrammes de nitrate de potasse par jour. Ces chiffres sont énormes si on les compare à ceux des rendements des anciennes nitrières qui, après deux ans, ne donnaient que 5 kilogrammes de salpêtre par mètre cube, soit une quantité 60 fois plus petite que les nitrières à tourbe et à sulfate d'ammoniaque.

§ III. — Nitrières continues à déversement.

Principe.

On peut cependant dépasser encore les rendements déjà si élevés qui viennent d'être indiqués par l'installation de nitrières dans lesquelles le sulfate d'ammoniaque se déverse d'une façon continue sur un champ oxydant constitué par des amas de tourbe recouverts d'organismes nitrificateurs. Ces nitrières ont reçu le nom de « *nitrières continues à déversement* ». La tourbe peut servir, en effet, d'excellent support à la nitrification des solutions, et il est facile d'enrichir ces dernières par la nitrification elle-même.

Pour arriver à ce résultat, il suffit de reprendre les solutions ayant déjà passé sur une nitrière et contenant par conséquent une certaine dose de nitrate, de les additionner ensuite d'une nouvelle quantité de sulfate d'ammoniaque et de les faire repasser soit sur la même nitrière soit sur une autre. On recommencera cette opération jusqu'à ce que la concentration du produit obtenu soit suffisante.

Installation de la nitrière.

Pratiquement, on partira d'une *tourbe un peu mousseuse*, la tourbe pulvérulente se réduisant trop facilement en boue sous l'action des liquides d'arrosage. Cette tourbe, divisée en fragments de la grosseur d'un œuf de pigeon, sera humectée d'une solution nitrifiable faible (2 gr. de *sulfate d'ammoniaque* par litre) dans laquelle on aura délayé de la *craie* en poudre fine et un peu de *phosphate de chaux* naturel pulvérisé. On brassera le tout de façon à ce que la quantité totale de carbonate calcaire soit absorbée et qu'on puisse en introduire sans inconvénient de 50 à 60 kg. par mètre cube de tourbe. L'ensemencement sera effectué soit à l'aide de matériaux provenant d'une nitrière en activité, soit à l'aide de bon *terreau* de jardinier, et l'on incorporera 10 kg. de cette terre par mètre cube de tourbe. Celle-ci formera des sortes de tas parallélépipédiques pouvant avoir jusqu'à 2 mètres de hauteur.

Des dispositions devront également être prises pour l'aération de la tourbe pendant la marche de la nitrification et pour réaliser des supports aux matériaux ainsi accumulés. Enfin, la partie inférieure de l'installation reposera sur un lit d'escarbilles destiné à faire une sorte de drainage.

Entretien et exploitation.

Les premiers arrosages doivent s'effectuer de préférence avec des solutions faibles, soit à raison de 2 gr., 5 de sulfate d'ammoniaque par litre et de 200 litres de ce liquide par mètre cube de tourbe et par 24 heures. On pourra aller ensuite à 5 gr. et 7 gr. 5 de sulfate par litre et atteindre 1.000 litres par mètre cube de tourbe.

Quoi qu'il en soit, les liquides ainsi nitrifiés ne sont pas encore très riches en nitrate. Pour les enrichir, il faut établir une série de nitrières semblablement disposées, de façon que les liquides nitrifiés, passant d'une nitrière à une autre et de celle-ci à une troisième après addition d'une nouvelle quantité de sulfate, deviennent de plus en plus concentrés. En prenant certaines dispositions permettant aux liquides de se déverser automatiquement d'un récipient dans un autre et à ces récipients de fonctionner sans arrêt, on arrivera, à l'aide de ce procédé, à réaliser une production continue de nitrate à pourcentage très élevé en acide nitrique.

CONCLUSION

D'après les avantages et les inconvénients de tous les procédés que nous venons de passer en revue, il est possible d'entrevoir, dès maintenant, quels sont les perfectionnements que l'on peut espérer voir apporter dans la production artificielle de l'acide nitrique et des composés nitrés artificiels.

Dans le procédé Birkeland-Eyde, ce perfectionnement consisterait surtout, d'après M. Grandeau, à supprimer le traitement du mélange sortant de la tour à lait de chaux pour séparer le nitrate du nitrite qui prend naissance dans cet appareil. De cette façon, on pourrait livrer directement à l'agriculture un produit renfermant environ 15 % d'azote et constitué par le mélange des deux sels.

On a souvent dit et répété que les nitrites, non seulement ne sont pas favorables à la végétation, mais même qu'ils lui sont nuisibles. Or, les récentes recherches de Winogradski sur cette question ont démontré que, précisément, l'azote des matières organiques du sol, avant de devenir de l'acide nitrique par l'action des microbes nitrifiants, passe par des états intermédiaires dont un correspond justement à la formation de l'acide nitreux. On peut donc admettre que, tout comme l'acide nitrique, l'acide nitreux est capable de donner à la plante l'azote dont elle a besoin pour vivre et se développer. De nombreux essais entrepris il y a peu de temps par M. Schlœsing à l'Ecole des manufactures de l'Etat et par M. Grandeau au Parc des Princes ont du reste démontré l'exactitude de la double hypothèse de l'innocuité des nitrites et de leur valeur comme aliment des végétaux.

Un second perfectionnement à réaliser dans l'emploi économique des nitrates électrochimiques consisterait à appliquer ensemble les procédés Birkeland-Eyde et Franck, afin d'en tirer économiquement parlant, le meilleur parti possible. Nous avons vu que le procédé Franck nécessite de l'azote pour la conversion du carbure de calcium en cyanamide calcique. Comme, d'un autre côté, la combustion de l'azote atmosphérique se fait avec une amélioration de rendement très appréciable si l'on opère en présence d'un certain excès d'*oxygène*, il en résulte qu'en installant côte à côte les deux industries (cyanamide de calcium et acide nitrique électrochimique), on sera dans les meilleures conditions pour *utiliser complètement* et sur une vaste échelle les deux éléments, oxygène et azote, provenant de la liquéfaction de l'air. La fig. 50 représente, schématiquement, la solution de ce problème.

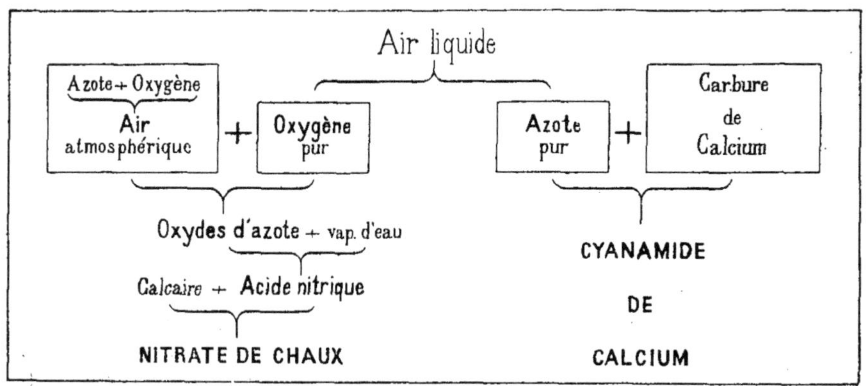

Fig. 50.— Schéma de la fabrication simultanée de l'acide nitrique (ou du nitrate de chaux) et de la cyanamide de calcium par l'emploi de l'air liquide.

« Bien loin donc de se considérer comme des rivales, dit M. Grandeau, ces deux industries sont appelées à se prêter un mutuel appui. Travaillant ensemble, elles seront à même de fixer l'azote atmosphérique dans des conditions beaucoup plus économiques que si chacune d'elles voulait vivre de sa propre vie. Il est intéressant de noter en passant que ce sera l'air liquide qui constituera un jour le trait d'union entre les deux groupes de procédés. Deux voies sont actuellement ouvertes en vue de parer à l'épuisement des réserves de nitrate du Chili, sur lesquelles a vécu jusqu'à présent le monde civilisé. Ces deux solutions font appel l'une et l'autre aux forces hydro-électriques économiques que produisent seules actuellement les chutes des régions montagneuses. Le problème intéresse donc à un haut degré notre pays et il nécessite, en outre, la mise en œuvre des méthodes les plus perfectionnées de la technique électrique et de la technique chimique ; sa résolution est ainsi liée aux lois les plus importantes et les plus modernes de la Physico-Chimie ».

La question de l'épuisement futur des nitrates chiliens, telle que nous l'avons établie au début de ce travail (v. p. 9) et ainsi que nous le montre nettement la fig. 51, est donc aujourd'hui complètement résolue, aussi bien au point de vue économique que pratique. Mieux que cela, la consommation du monde en nitrates pourra s'accroître et les populations futures se multiplier, que la production intensive de ces composés sera toujours possible. Tous les pays n'exigent pas la même quantité de produits nitrés (fig. 52), la nature du sol et les différences de culture entraînant à ce point

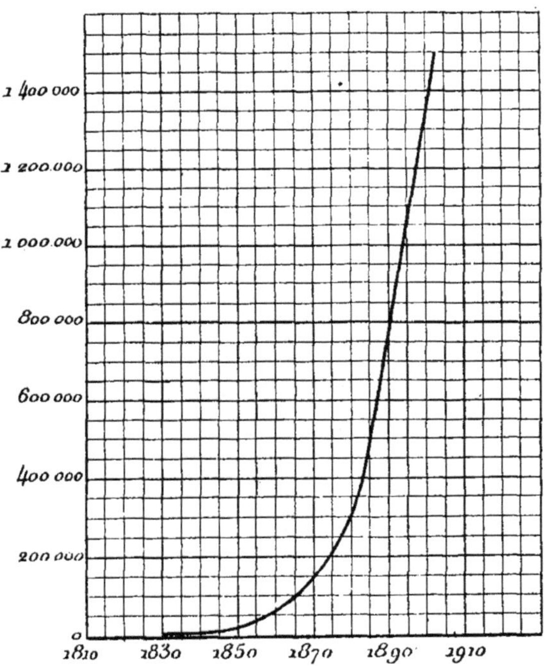

Fig. 51. — Courbe représentant l'exportation croissante des nitrates chiliens.

de vue, de grandes variations, mais tous les peuples ont besoin d'aliments azotés, quelle que soit la forme sous laquelle ils les utilisent. Les procédés électrochimiques résolvent ce grand problème dans toute son étendue et nous ne sommes pas loin de l'époque où ils envahiront tout le domaine de l'activité industrielle.

MM. Franck et Caro ont proposé une solution pour la production économique des composés nitrés que nous citerons en raison de son originalité. Elle concerne l'utilisation sur place de la tourbe,

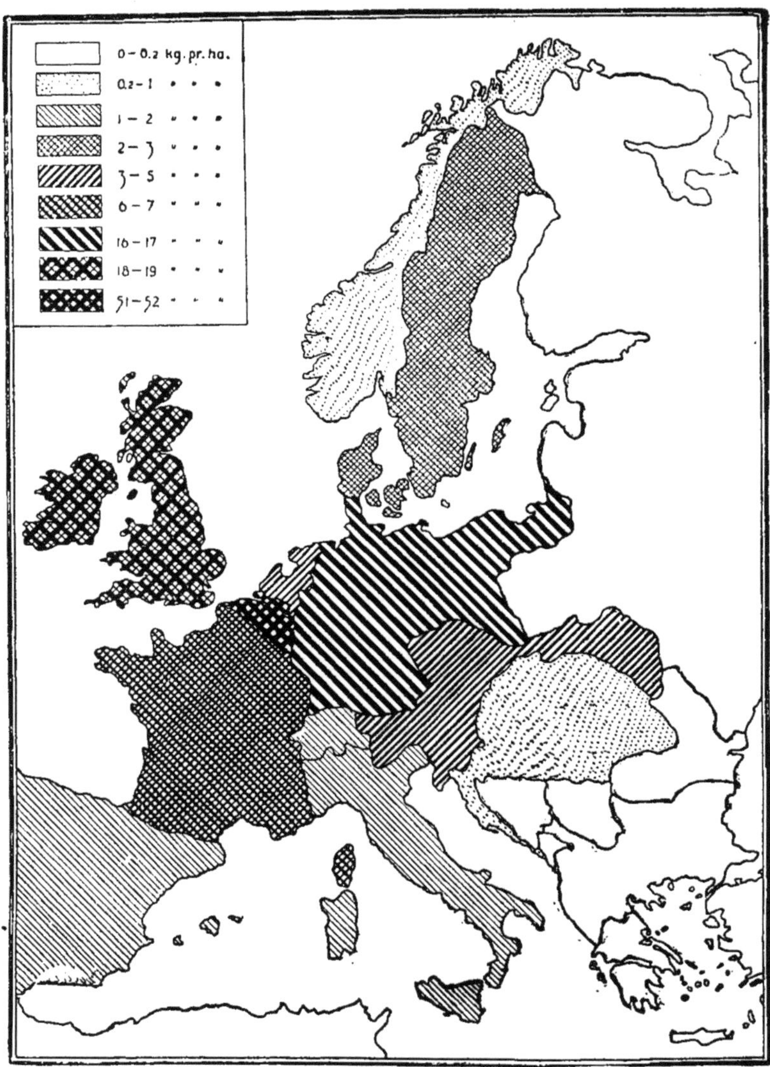

Fig. 52. — Carte schématique représentant l'emploi comparatif des nitrates dans les différents pays européens.

non dans le but de l'employer à la production des nitrates par l'action des micro-organismes, mais pour obtenir, par sa distillation, de l'énergie thermique et des sous-produits intéressants au point de vue de leur valeur industrielle :

La tourbe, distillée dans certaines conditions, donne des gaz combustibles. Ces derniers peuvent donc être utilisés pour produire de l'énergie mécanique et par conséquent de l'énergie électrique. Mais cette distillation de la tourbe donne du sulfate d'ammoniaque, engrais très apprécié. Et, là où le contenu en azote de la tourbe n'est point par trop faible, la seule production de sulfate d'ammoniaque suffit pour couvrir les frais de l'installation : le gaz est ainsi obtenu sans aucune dépense. Ce dernier, utilisé pour produire du courant électrique par l'intermédiaire de dynamos et de moteurs à gaz, permettra finalement d'obtenir à bon compte des engrais azotés, ceux en particulier qui empruntent directement leur azote à l'atmosphère.

Notons en outre que les terrains, une fois débarrassés de leur tourbe, sont plus propres à la culture que lorsqu'ils en étaient recouverts. La production économique des engrais nitrés, réalisée dans les conditions qui viennent d'être énoncées, peut donc trouver déjà un débouché important en vivifiant et en rendant productrices les terres qu'elle s'est pour ainsi dire elle-même préparées.

TABLE DES MATIÈRES

CHAPITRE III

Description des procédés utilisés pour la préparation électrochimique de l'acide nitrique.

CHAPITRE IV

Description du procédé Birkeland-Eyde et applications des nitrates électrochimiques.

CHAPITRE V

La Cyanamide calcique.

CHAPITRE VI

Les Nitrières à haut rendement.

Arras. — Imp Schoutheer Frères, rue des Trois-Visages, 59.

Arras. — Imp. Schoutheer Frères, rue des Trois-Visages, 59.

www.ingramcontent.com/pod-product-compliance
Ingram Content Group UK Ltd.
Pitfield, Milton Keynes, MK11 3LW, UK
UKHW021107220726
13924UKWH00004B/1555